JOCHEN BENDEL

DAS WUNDER DER
BINDUNG

*Menschen wollen
erziehen –
Hunde brauchen
Geborgenheit*

INHALT

ALLES BINDUNG, ODER WAS?

Um es gleich vorweg zu sagen: Sie halten gerade kein neues Buch über Hundeerziehung in den Händen und auch keinen Ratgeber mit Profitipps zur Therapie von Verhaltensauffälligkeiten bei Hunden. Zum einen gibt es diese Art von Büchern nämlich schon zur Genüge. Zum anderen bin ich als »Hundepapa« von zwei wirklich außergewöhnlichen Fellnasen (aber haben wir die nicht alle?) erst vor Kurzem und über Umwege Hundeprofi geworden. Davor habe ich mir, wie die meisten Hundehalter wohl auch, beim Gassigehen viele gut gemeinte Erziehungsratschläge von anderen Hundebesitzern eingeholt oder bequem von der Couch aus das World Wide Web befragt. Und dann, ja dann einfach rumexperimentiert. Mit mehr oder weniger großem Erfolg.

Erst meine Ausbildung zum Hundetrainer, die täglichen Praxisstunden in der Hundeschule, die vielen verzweifelten Hundebesitzer mit ihren »Problemfällen« – oder besser gesagt: die vielen verzweifelten Hunde mit ihren »Problemfällen« am anderen Ende der Leine – haben meinen Blick geschärft und sensibel gemacht für das Zusammenleben mit dieser besonderen Spezies. Deshalb erfahren Sie in diesem Buch fast nichts über Erziehung, sondern über etwas viel Gewaltigeres. Etwas, was über allem schwebt, so wie das gigantische Alien-Raumschiff in dem Film »Independence Day« über Los Angeles: Bindung. Denn sie ist der Superkleber für jede Mensch-Hund-Beziehung.

Vermutlich werden jetzt viele von Ihnen sagen: »Klar, hab ich schon gehört, weiß ich alles.« Andere werden fragen: »Was ist diese ominöse Bindung eigentlich genau? Wie stellt man sie her? Kann ich das lernen und was verdammt noch mal kostet das?« Und zumindest zum letzten Punkt kann ich gleich mal sagen: Bindung kostet nichts – außer Liebe, Vertrauen und Zeit. Wie bei uns Zweibeinern auch.

Ich habe für dieses Buch Experten für ein glückliches Zusammenleben mit Hunden interviewt, Fälle aus meinem Berufsalltag als Trainer herangezogen und – eigentlich das Wichtigste – mir erst mal an die eigene Nase gefasst. Denn die größten Fehler macht man ja bekanntlich am liebsten immer selbst.

Jochen Bendel

EIN UNSICHTBARES BAND

BINDUNG – EIN GROSSES WORT MIT JEDER MENGE
SPRENGKRAFT. UNZÄHLIGE BÜCHER SIND ZU DIESEM
THEMA ERSCHIENEN, ZAHLREICHE WISSENSCHAFT-
LICHE FORSCHUNGEN WURDEN UND WERDEN IMMER
NOCH DAZU GEMACHT. DAS BESTE ABER IST: BINDUNG
HERZUSTELLEN IST VIEL EINFACHER, ALS MAN DENKT.

MEIN MOPS, MEIN LABBI-MÄDCHEN UND ICH

*Ein Hund kann das Leben ganz schön durcheinanderwirbeln.
Das gilt erst recht, wenn plötzlich eine kleine Hundedame in einem
Männerhaushalt landet und lebhafter Labrador auf stoischen Mops
trifft. Wenn mir das mal einer früher gesagt hätte …*

Hunde begleiten mich, seit ich klein bin. In ihrer Gegenwart fühlte ich mich immer geborgen und beschützt. Die erste Hündin in meinem Leben war Chica, eine betagte, stolze Airedale-Terrier-Mix-Dame, die mich dreijährigen Stöpsel, wie eine Supernanny, nie aus den Augen ließ und auf Schritt und Tritt verfolgte. Danach trat Fido in mein Leben, ein gigantischer 28-Kilo-English-Basset mit ewig langen Schlappohren, der keiner Fliege etwas zuleide tun konnte. Sein Bellen klang so tief und beruhigend wie der Donner während eines lang ersehnten Sommergewitters. Dieser Hund war so was von gemütlich, entspannt und geduldig, dass er sogar seinen Namen wortlos hinnahm, obwohl »er« eigentlich eine Hündin war, kein Rüde.

Aktuell teile ich mein Leben mit zwei ganz besonderen Exemplaren der Spezies *Canis lupus familiaris*, die unterschiedlicher nicht sein könnten: Gizmo ist ein acht Jahre alter Mopsrüde, Khaleesi eine vierjährige Labradorhündin. Buddhistische Ruhe prallt auf ungezügeltes Temperament – und gleicht sich in unserer kleinen Familie auf magische Weise perfekt aus. Das war allerdings nicht immer so. Ich erinnere mich noch gut an den Moment, als mein Mann Matthias und ich beschlossen haben, für uns und unseren kleinen Mopsprinzen eine Prinzessin zu suchen. Eine Hündin, die unseren Männerhaushalt mit weiblichem Yin bereicherte. Ja, Sie denken jetzt bestimmt: Typisch, so können auch nur zwei schwule Männer denken. Und ja, vielleicht haben Sie recht. Wir haben das Ganze tatsächlich ziemlich naiv durch eine rosa Brille gesehen. Ein zweiter Hund in der Familie. Was macht das schon groß für einen Unterschied? Der Aufwand bleibt doch derselbe. Und so ein kleines, süßes Welpenmädchen bringt sicher frischen Wind in Gizmos eher gemütliches Mopsleben. Im Gegenzug, so dachten wir, würde sein ruhiges Wesen unserem blauäugigen Labradorbaby die Eingewöhnungszeit erleichtern. Gizmo würde wie ein liebevoller älterer Bruder ihr Heranwachsen begleiten. Ja, genau das dachten wir.

Kurzer Reality Check zwischendurch: Rüden sind kleinen, temperamentvollen und von Mutter Natur mit rasiermesserscharfen Zähnen ausgestatteten Hundebabys gegenüber häufig eher abweisend eingestellt. Welpen dagegen sind in ihrer ganzen Kommunikation unbeholfen und distanzlos. Im Zusammenleben mit anderen Hunden überschreiten sie ständig Grenzen und testen sich aus. Vergessen Sie dabei bitte das Märchen vom Welpenschutz. Es gibt kein genetisches Programm, das erwachsene Hunde daran hindert, fremde Welpen oder junge Hunde zu beißen. Genauso hält sie kein Instinkt davon ab, unfreundlich mit ihnen umzugehen.

> *»KHALEESI SOLLTE FÜR FRISCHEN WIND IN DER MÄNNER-WG SORGEN.«*

VON NAIVEN MENSCHEN UND ÜBERFORDERTEN HUNDEN

Von alldem hatten wir jedoch nicht die leiseste Ahnung, als Khaleesi, gerade mal zehn Wochen alt und wahrlich ein königliches Exemplar von einem süßen Drachen, in unsere Dreier-WG Einzug hielt. Dabei hatten wir als verantwortungsvolle Hundeeltern durchaus vorgesorgt: Drei Wochen vorher fuhren wir mit Gizmo zu der mit uns befreundeten Züchterin, um unserem »Erstgeborenen« die sensationelle Möglichkeit zu bieten, sein neues »Schwesterchen« möglichst früh kennenzulernen. Lustlos trottete er mit uns ins Welpenhaus – um attackiert von acht endorphingepushten Hundebabys sofort wieder den gesicherten Rückzug anzutreten. Interesse für seine zukünftige Mitbewohnerin: zero. Matthias' und meine Erwartungen an dieses erste Kennenlernen hatten, schon bevor es überhaupt begann, einen fetten Dämpfer bekommen. Während des gesamten Besuchs ließ sich Gizmo nicht mehr blicken. Er hatte Besseres zu tun. Schließlich lagerte im Nebenzimmer das Welpenfutter, und sich daran großzügig zu bedienen war in seinen Augen offenbar die gerechte Entschädigung für den plötzlichen Welpenschock.

Gizmo und Khaleesi sind heute ein Herz und eine Seele. Bis es so weit war, mussten sie aber eine Menge lernen – so wie ich auch.

Wenige Wochen später zog unser Familienzuwachs bei uns ein – und entwickelte sich prächtig. Okay, unser Alltag wurde vom ganz normalen Babywahnsinn bestimmt: Bloß nicht die Pipikackazeiten alle zwei Stunden und nach dem Herumtollen, Aufwachen und Fressen verpassen. Für die neugierige Flut an Besuchern, die unseren Nachwuchs natürlich sehen wollten, hätten wir fast schon Tickets vergeben können. Und die Frage »Na, schläft eure Kleine denn schon durch?« durften wir Glückspilze bereits nach zehn Tagen mit stolz geschwellter Elternbrust bejahen.

Läuft bei uns, dachten wir damals. Was für eine gigantische Fehleinschätzung! Denn für *ein* Individuum in unserem Haushalt sah die Realität deutlich weniger harmonisch aus. Ich werde das Bild wohl nie mehr aus meinem Kopf bekommen: Gizmo saß wimmernd und regungslos auf dem Parkett, während ein vier Monate alter Labradorwelpe sein Piranhagebiss in sein kleines, flauschiges Kringelschwänzchen bohrte. So zerrte sie den zehn Kilo Mops erst noch zögerlich ruckhaft, dann aber energisch und skrupellos durchs Wohnzimmer. Spätestens ab diesem Moment ahnte ich, dass wir womöglich in den letzten Wochen einiges falsch gemacht hatten.

DES EINEN FREUD, DES ANDEREN LEID

Ersthunde in einer Familie brauchen besonderen Schutz und Rückzugsräume, wenn ein neuer Hund einzieht – egal, ob der noch ein Welpe ist oder bereits erwachsen, zum Beispiel aus dem Tierschutz. Gizmo hatte im Umgang mit anderen Hunden in seinem Leben bisher nur positive Erfahrungen gemacht. Deshalb reagierte er auf die Attacken eines übermütigen Welpen anfangs noch cool und zurückhaltend. Aber auch wenn er nach außen gewohnt gelassen und stoisch alles erduldete: Unsere über die Jahre hinweg gewachsene Bindung aus Vertrauen und Verständnis begann zu bröckeln. Je mehr wir uns darauf konzentrierten, Khaleesis erste Lebensmonate so sicher und perfekt wie nur möglich zu gestalten, desto mehr vergaßen wir, die Bedürfnisse unseres Ersthundes nach Schutz, Ruhe, Liebe und Aufmerksamkeit zu stillen. Unsere Beziehung hatte einen echten Knacks bekommen. Oder um es auf den Punkt zu bringen: Typischer Fall von grober Vernachlässigung.

Noch deutlicher zeigte sich das ganze Dilemma beim Gassigehen. Khaleesi wuchs immer mehr heran und wollte mit uns die Welt entdecken. Und wo ging das besser als bei unseren täglichen Spaziergängen zu viert. Spielerisch übten wir mit ihr das Laufen an der lockeren Leine oder trainierten schon mal den Rückruf. Ihr als Labrador Retriever genetisch fixiertes Aufsammeln und Heranschleppen von Stöckchen, Ästen oder halben Bäumen feierten wir stolzen Hundeeltern mit Standing Ovations. Und wie ihre mittlerweile ins Bernsteinhelle gewechselten Augen blitzten und leuchteten, als wir ihr beibrachten, hinter einem quietschgelben Tennisball herzujagen. Unbeschreiblich! Endlich konnte sich unsere kleine Actionheldin mal so richtig auspowern. Und unser knopfäugiger Mops-Buddha? Der kommentierte all diese Dinge für gewöhnlich mit einem abschätzigen Blick. Zeug anschleppen und Bällen hinterherjagen? Das war eindeutig unter seiner Würde.

> *»LANGSAM BEGANN MEINE BINDUNG ZU GIZMO ZU BRÖCKELN.«*

Noch mal ein kurzer Reality Check: Das mit dem Tennisball war richtig Kacke. Zu glauben, dass Hinter-einem-Tennisball-Herrennen einen Hund auslastet, ist ein fataler Irrtum. Was stimmt: Die meisten Hunde lieben diese Art von Ballsport. Die Hundespielzeugindustrie hat ihn deswegen sogar so weit pervertiert, dass sie entsprechende Wurfschleudern anbietet, damit sich Frauchen und Herrchen nicht mal mehr großartig bücken müssen und der Ball fast bis hinter den Horizont fliegt. Die Wahrheit hinterm Horizont ist allerdings erschütternd: Hunde lieben es, hinter fliegenden Objekten herzujagen, weil diese Beute imitieren. In ihnen läuft also ein genetisch fixiertes Programm ab.

In der Endphase, kurz vor dem Zugriff, muss der Hund noch einmal all seine Kräfte bündeln. Der Körper schüttet daher das Stresshormon Adrenalin aus. Das Herz pumpt das Blut jetzt noch schneller durch den Körper, die Muskulatur ist bis zum Zerreißen gespannt, bereit, Höchstleistungen zu vollbringen. Der ganze Körper steht unter Strom.

Kaum hat der Jägersmann das Beute-Bällchen im Maul, belohnt ihn dann sein Nebennierenmark zusätzlich mit einer großzügigen Ladung Dopamin. Und dieses Hormon macht glücklich und süchtig. Auf diese Weise zieht man sich regelrechte Ball-Junkies heran, die einem hechelnd und mit suppenteller-großen Pupillen unaufhörlich, wie in einer Zeitschleife gefangen, Bällchen oder Stöckchen vor die Füße legen.

Das Problem ist nicht das Stöckchen oder der Ball an sich, sondern die Häufigkeit, mit der man es/ihn wirft. Während der Körper die in kurzen Intervallen ausgestoßenen Dosen Adrenalin relativ schnell wieder abbaut, schüttet er etwa eine Viertelstunde danach das Stresshormon Cortisol aus. Es soll den mittlerweile ausgepowerten Hund vor den schädlichen Auswirkungen von zu viel Adrenalin schützen, bewirkt aber gleichzeitig eine erhöhte, länger anhaltende Wachsamkeit – und genau das stresst. Ein ständig erhöhter Cortisolspiegel ist für Hunde daher extrem gesundheitsschädlich – für uns Menschen gilt übrigens dasselbe. Während das brave Hündchen also abends in seinem Körbchen liegt und scheinbar friedlich ruht, schießt durch seinen matten Körper immer noch so viel Cortisol wie bei uns damals nach dem ersten Techno Rave. Die Augen und der Körper sind müde, aber das Gehirn ist immer noch am feiern. »BummBummBummBumm«.

Ehrlich gesagt wusste ich auch davon wieder mal nichts. Stattdessen fühlte es sich richtig cool an, mit diesem aufgedrehten Wirbelwind unterwegs zu sein. Spaziergänger blieben staunend stehen und beobachteten unsere silbergraue Baby-Ninja-Jägerin, die einer neongelben Filzkugel hinterherfetzte. Ohne Rücksicht auf Verluste. Ob über Gräben oder durchs Wasser, als wollten wir sie für den Iron Man fit machen. Das Leben mit Khaleesi war der unübersehbare Gegenentwurf zu unserem bisher chilligen Dasein mit Mops. Wir träumten davon, wie sich unser leicht phlegmatischer »Erstgeborener« von Khaleesis Temperament anstecken lassen würde. Wie beide gemeinsam durch die Wälder und über Wiesen jagen und zusammen die Welt entdecken würden. Und bis es so weit war, übten wir mit unserer Kleinen noch fleißig Grundübungen wie »Sitz! Platz! Bleib!«. Das absolvierte sie, gerade mal fünf Monate alt, zwar schon mit Bravour. An gemeinsames Herumtollen war jedoch überhaupt noch nicht zu denken. Khaleesi tollte und Gizmo schmollte.

UND DANN WAR ERST MAL SCHLUSS

Heute, nach meiner Trainerausbildung und Jahre später, muss ich schmunzeln, wenn ich daran denke, wie ich Khaleesi immer mehr aufdrehte und überforderte und wie sich Gizmo immer mehr von unserem kleinen »Rudel« entfernte. Nicht nur mental, sondern auch körperlich. »Wo steckt der alte Trödelbär jetzt schon wieder?«, fragte ich mich hinter jeder Abbiegung. Mein kleiner, noch vor wenigen Monaten so aufgeweckter und stets aufmerksamer Mops ließ sich bei unseren gemeinsamen Exkursionen immer weiter zurückfallen. Er machte sein eigenes Ding. Schnüffeln hier und schnuppern da – möglichst außer Sichtweite und mit einem Mindestabstand von gefühlt 100 Metern. Meine ewige Warterei und das Gerufe »Giiiizmooooo, koooooomm!« ging mir auf die Nerven. Dazu entwickelte sich auch noch eine ganz seltsame Dynamik: Je öfter und genervter ich nach meinem Sonderling rief, umso mehr Zeit ließ der sich. Als ob ein unsichtbares Bitte-nicht-stören-Schild über ihm schwebte.

Jeder hat sein Tempo. Aber wenn einer sich immer absondert, ist das auf Dauer nicht gut für die Bindung.

Ich probierte viel aus, um Gizmo aus seinem Einsiedlerdasein zu locken und ihn wieder back on track zu bringen. Leckerchen, noch bessere Leckerchen, supermega Leckerchen, Leberwurst. Die ganze Klaviatur der Verführung. Nichts half dauerhaft, nach kurzer Zeit war alles wieder wie vorher. Nach jeder Wegbiegung warten, länger warten, dann rufen gefolgt von noch mehr rufen. Es war zum Aus-der-Haut-Fahren. Wenn Gizmo sich endlich dazu »bequemte«, mit gesenktem Kopf zu mir aufzuschließen, kassierte er erst mal einen fetten Anschiss. Eine Schimpftirade erster Güte brach über ihn herein, die ihm bis zum nächsten Ausflug in Erinnerung bleiben sollte.

Wenn ich diese Sätze aufschreibe, bekomme ich immer noch ein ganz schlechtes Gewissen und schäme mich für meine damalige Ignoranz. Da macht der Hund endlich das, was er soll, und wird am Ende dafür bestraft. Mein Trost: Mir ging es wie den meisten Hundebesitzern, ich wusste es einfach nicht besser. Die Folgen aber waren weitreichend. Die Harmonie in unserer Truppe war nicht nur draußen, sondern auch zu Hause kräftig durcheinandergeraten. Der Umgang der beiden Hunde miteinander wurde immer angespannter. Kein Wunder, irgendwo musste Khaleesi den Druck, der sich durch unsere ständige Beballerung angestaut hatte, ja loswerden. Sonst läuft das Fass irgendwann über.

»JE ÖFTER UND GENERV-TER ICH NACH GIZMO RIEF, DESTO MEHR ZEIT LIESS DER SICH.«

Anfangs reagierte Gizmo, von mir top sozialisiert, auf die überfallartigen Annäherungsversuche seiner Welpenschwester noch mit nobler Zurückhaltung und Ignoranz. Er ging ihr einfach aus dem Weg. Doch schon wenige Wochen später zeigte er sich ihr gegenüber immer öfter drohend-aggressiv. Kuschelangriffe in seinem Körbchen wurden vehement niedergeknurrt und an gemeinsames Füttern war überhaupt nicht mehr zu denken. Haben Sie eine Vorstellung, wie schnell ein Mops fressen kann? Megaschnell! Doch das ist nichts im Vergleich zum WARP-Fressantrieb, den die Natur einem Labrador Retriever in die Wiege gelegt hat. Noch bevor man den Satz »Lasst es euch gut schmecken« überhaupt ausgesprochen hatte, war Madames Napf bereits leer – und ihr Drang, auch noch Gizmo beim Herunterschlingen seiner Portion behilflich zu sein, groß. Khaleesis aufdringliches »Hilfsangebot« endete jedes Mal in einer handfesten Küchenschlacht. Es wurde geknurrt und geschnappt. Die Näpfe flogen durch die Luft, wenn sich mein genervter Rüde zähnefletschend auf den verdatterten Welpen stürzte. An jeder Ecke ploppte ein neues Problem auf und nicht nur unsere beiden Hunde wirkten zunehmend verunsichert und ratlos. Wir Menschen waren es auch.

ZURÜCK AUF ANFANG

Der erste Leitsatz meiner Ausbilderin und Lehrerin Rita Kampmann, der sich mir für immer eingebrannt hat, lautet: »Hunde machen nichts falsch, sie reagieren nur auf Situationen.« Es war also ein Irrtum zu glauben, unser Ersthund würde die neue Lebenssituation einfach so wegstecken. Hunde sind soziale Lerntiere und versuchen grundsätzlich erst einmal, Stress aus dem Weg zu gehen. Gizmos Bedürfnisse nach Ruhe und Raum vor dem stürmischen kleinen Labrador wurden jedoch von uns ständig ignoriert. Und wenn er mal dezente Warnsignale abfeuerte, wie Bellen oder Knurren, habe ich ihn für sein in meinen Augen unhöfliches Verhalten auch noch gerügt. Im Nachhinein bin ich echt froh über Gizmos vornehme Zurückhaltung. Ein anderer Rüde, mit mehr Temperament und niedrigerer Frustrationsschwelle, zum Beispiel ein Terrier, hätte unseren Welpen unter Umständen deutlich härter attackiert und vielleicht sogar gebissen – was vermutlich noch schwerwiegendere Auswirkungen nach sich gezogen hätte.

Hunde brauchen Sicherheit. Sie müssen erkennen, dass wir Menschen, ihre sozialen Bindungspartner, in neuen, ungewohnten und vielleicht auch mal unangenehmen Situationen vorausschauend für sie mitdenken und Entscheidungen treffen. Im Idealfall besteht zu unserem Hund eine dauerhafte WLAN-Verbindung. Ein unsichtbares Band aus nonverbaler Kommunikation und Gefühlen. Wie in einer menschlichen Beziehung können wir erst dann sicher und entspannt mit unserem Partner leben, wenn alle für die Bindung relevanten Parameter gut und ausgeglichen bedient sind. Dazu sind gemeinsam durchgestandene kritische Situationen, gute Erfahrungen, eine verständnisvolle Kommunikation und geteilte positive Emotionen ganz wichtig. Bindung ist wie Vertrauen etwas, was man nicht, einmal gewonnen, grenzenlos belasten kann. Vielmehr muss man immer wieder, besonders in fordernden und ungewohnten Situationen, beweisen, dass man einander vertrauen kann. Beziehungsarbeit – ganz wie bei uns Menschen.

Bei meinem Mops war dieses Gefühl der Sicherheit nach nur drei Monaten weg. Vertrauen? Aufgebraucht! Gizmo hatte sich in sein Schneckenhaus zurückgezogen, er sonderte sich ab und machte von da an sein eigenes Ding. Die Entfernung zwischen uns wuchs nicht nur bildhaft ständig an. Die Kommunikation war unterbrochen. Ich musste unsere WLAN-Verbindung um jeden Preis wiederherstellen. Aber mit Netzstecker ziehen und Router hochfahren war es in diesem Fall leider nicht getan.

»GIZMO WOLLTE NUR, DASS ICH IHN VOR KHALEESI ›BESCHÜTZE‹.«

Gemeinsam die Welt
entdecken und auf
Spurensuche gehen
schweißt zusammen.

MEHR ZUWENDUNG, STÄRKERE BINDUNG

Neben unseren Runden zu viert begann ich, zusätzlich auch wieder längere Spaziergänge mit Gizmo allein zu unternehmen. So waren wir beide ungestört und konnten uns ohne Ablenkung besser aufeinander einstellen. Jeder Blick, jede auch noch so kleine Aufmerksamkeit mir gegenüber wurde ab sofort belohnt – mit Leckerchen oder aufmunternden, freundlichen Worten. So hoffte ich, meinen Schatz aus seiner Isolation zu befreien. Diese Gassirunden wurden zu unserem ganz persönlichen Erlebnis: Zeit nur für uns beide, mit kurzen Spielunterbrechungen und Streicheleinheiten. Wenn sich Gizmo mal wieder an einer besonders spannenden Ecke ausloggte, vermied ich es, ihn einfach nur zu rufen. Hunde in dieser Situation beim Namen zu rufen ist sowieso sinnlos. Sie interpretieren das Rufen nämlich völlig anders. Für sie ist es nur die Bestätigung, dass ihr Mensch in Hörweite ist. Mehr nicht. »Mach dir keine Sorgen mein Schatz, ich bin noch dahaaaaa!« Eigentlich logisch, dass sich mit dieser Rückversicherung jede Schnüffelnase erst recht Zeit lässt.

Statt zu rufen, deponierte ich ein paar Leckerchen neben mir am Boden und begann dann ganz aufgeregt, an dieser Stelle mit dem Fuß herumzusuchen. Nach einer Weile kam mein knopfäugiger Freund neugierig angetrottet.

Und diesmal schimpfte ich ihn nicht, sondern zündete ein kleines verbales Begrüßungsfeuerwerk für den »Heimkehrer«. Zu allem Überfluss stellte Gizmo auch noch fest, dass der Jochen da wohl was richtig Tolles entdeckt hatte. Und schien daraus zu schließen: »Wenn mein Herrchen hier draußen so tolle Sachen findet, dann lohnt es sich bestimmt, ihn im Auge zu behalten.«

Giszmos Aufmerksamkeit zu belohnen, Abwechslung und eine entspannte Kommunikation brachten nach kurzer Zeit die Bindung zwischen uns zurück. Ich musste dazu nicht Gizmo wieder zurück ins Team holen. Ich musste *mich* wieder interessant für ihn machen. Mein ehemals so frustrierter Hund vertraute mir wieder, weil er fühlte, dass ich seine Bedürfnisse erfüllte.

Auch zu Hause nahm ich meine Sorgfaltspflichten jetzt gründlicher wahr. Gemeinsames unkontrolliertes Spielen wurde eingestellt. Khaleesi lernte, Gizmos Komfortzone anzuerkennen, weil ich sie ihm zuverlässig sicherte. Das war eigentlich ganz leicht: Die kommenden Wochen wurden beide Hunde getrennt gefüttert, und wenn ich merkte, dass die Kleine zu sehr aufdrehte, ließ ich sie gar nicht erst in Gizmos Reichweite oder brach zu heftiges Spielen umgehend ab. Auch wenn es noch so herzallerliebst aussah, wenn beide im selben Körbchen kuscheln: Khaleesi musste akzeptieren, wenn Gizmo darauf keinen Bock hatte.

> »DAS GEHEIMNIS GUTER BEZIEHUNGSARBEIT: MACH DICH WIEDER INTERESSANT.«

Aus dem Bauch heraus und ganz unbewusst habe ich durch kleine Verhaltenskorrekturen und Übungen unsere geschwächte Beziehung irgendwie auf Vordermann gebracht. Wir waren mit einem blauen Auge davongekommen. Erst viel später bekam ich durch meine Ausbildung zum Hundetrainer eine professionelle Sicht auf das Thema »Bindung«. Und es hat mich von der ersten Sekunde an fasziniert: Das, was wir uns selbst von einem geliebten Menschen wünschen – aufeinander achten, sorgsam und sensibel für die Bedürfnisse des anderen sein, zuverlässig, liebevoll, konsequent und ohne Zorn –, erwarten unsere Hunde auch von uns. Fast zehn Millionen Fellnasen leben in Deutschland mit uns unter einem Dach. Sie bestreiten den Alltag mit uns und lassen sich auf uns als Sozialpartner ein. Sie haben es verdient, von den Menschen, die sie lieben und denen sie ihr ganzes Vertrauen schenken, nicht enttäuscht zu werden. Durch die Erfahrungen mit meinen eigenen Hunden habe ich begriffen, was für eine enorm wichtige Rolle die Bindung dabei spielt. Ich stelle sie mir wie ein unsichtbares Gummiband vor, das uns, was auch passiert und wie sehr es auch strapaziert wird, durch seine Kraft immer wieder zueinanderführt. So eng, dass nichts auf dieser Welt dazwischenpasst. Wunderbar!

BINDUNG IST WIE SUPERKLEBER

Kein Gedanke hat in den letzten Jahren Kynologen, Soziobiologen und Verhaltensforscher mehr fasziniert als die Rolle der Bindung in der Mensch-Hund-Beziehung.

Bindung ist ein einfaches Wort, dabei steckt so viel Power dahinter. Es besteht aus sieben Buchstaben und bietet trotzdem Raum für tausend Interpretationen. Jeder, der auf dem Hundeplatz gescheit und up to date wirken will, redet darüber. Und im Gespräch mit selbst ernannten Hundeflüsterern auf der Kacka-Wiese, einfach mal so cool fallen gelassen, sorgt es dafür, dass man nicht ganz so ahnungslos erscheint, wie man vielleicht ist.

Sie sehen, Bindungs- oder Beziehungsarbeit ist momentan bei Hundebesitzern einfach mega in. Aber was ist eigentlich genau damit gemeint? Funktioniert sie erfolgreich? Kann sie wirklich jeder aufbauen? Und ist sie tatsächlich der alleinige Schlüssel zu einem glücklichen und stressfreien Leben mit Hund? Im Prinzip könnte ich dieses Buch an dieser Stelle mit einem dreifachen »Ja!« beenden. Aber ich habe für die Arbeit an diesem Buch meinen Lebensmittelpunkt – und den meiner Fellnasen – nicht für viele Stunden, Tage und Wochen ins Arbeitszimmer verlegt, um dann so schnell und billig den Sack zuzumachen. Stattdessen begebe ich mich für Sie in den kommenden Kapiteln auf eine aufregende und spannende Suche nach Antworten auf diese für die gelungene Mensch-Hund-Beziehung so wichtigen Fragen. Damit jeder, der Hunde liebt, diese wunderbaren Tiere noch besser versteht und glücklich und entspannt mit ihnen zusammenleben kann.

BINDUNG ODER BEZIEHUNG?

Wir verwenden die Begriffe Beziehung und Bindung ja gern synonym. Streng wissenschaftlich, meinen sie aber nicht dasselbe. Genau genommen haben wir Menschen nämlich mit allem und jedem eine Beziehung. In dem Moment, wo zwei Individuen durch ihr Denken, Fühlen oder Verhalten Bezug aufeinander nehmen, egal ob gut oder schlecht, ob mit oder ohne Gefühl, stehen sie in einer Beziehung. Das heißt, wir gehen nicht nur mit unserem Partner oder unserer Partnerin eine Beziehung ein, sondern auch mit unseren Kindern, Enkeln und Freunden, genauso wie mit der Kassiererin im Supermarkt, dem Taxifahrer oder dem Pizzalieferanten. Und natürlich gehen wir auch eine Beziehung mit unseren Fellnasen ein.

Beziehungen an sich sind also bisweilen relativ beliebig. Erst wenn die Bindung dazukommt, geht es um Gefühle. Und wie so oft, wenn Emotionen ins Spiel kommen, das wissen wir alle aus eigener Erfahrung, wird es damit auch gleich etwas komplizierter. Die emotionale Verbundenheit zweier Lebewesen ist nämlich nicht beliebig übertragbar. Sie ist einzigartig. Das Bedürfnis danach und die Fähigkeit dazu sowie die spezifische (gattungstypische, aber auch individuelle) Ausprägung ist angeboren – bei Menschen genauso wie bei Hunden. Diese angeborene, genetisch fixierte Fähigkeit nennt man Bindungsverhalten. Babys und Kleinkinder fangen an zu schreien und strecken die Arme nach ihren Eltern aus. Sie suchen Schutz und Beruhigung. Hunde setzen sich zwischen unsere Füße oder laufen mit gesenktem Kopf schwanzwedelnd auf uns zu. Beides ist Bindungsverhalten.

Je öfter ein Individuum positive Reaktionen auf sein Bindungsverhalten erhält und je mehr gute Erfahrungen es macht, umso schneller entwickelt sich eine sichere Bindung. Und umso tiefer ist diese auch. Verhaltenspsychologen sprechen dann von einem »sicheren Hafen«, der die Persönlichkeit stabilisiert und uns leichter bereit sein lässt, Neues zu entdecken, zu lernen oder mit anderen Individuen zu kommunizieren.

Fehlt unseren Fellnasen dieser sichere Hafen, ist die Bindung zu schwach oder haben wir es versäumt die bestehende Bindung zu festigen, drohen ernsthafte Probleme fürs Zusammenleben. Denn eine schwache oder nur mangelhaft vorhandene Bindung löst bei Hunden Ängste und Unsicherheiten aus. Das Lernen fällt ihnen schwer, und sie schaffen es nicht, uns Menschen zu vertrauen. Sie sind schnell überfordert, und das führt automatisch zu Stress. Das ist auf Dauer ungesund, denn die ständig hohen Dosen des Antistresshormons Cortisol schwächen den Körper. Zudem werden gestresste Hunde viel schneller aggressiv. Ein Teufelskreis, mit dem wir Hundetrainer und Verhal-

tenstherapeuten täglich konfrontiert werden. Hundeschulen und Praxen sind voll mit Menschen, die mit ihrer Fellnase nicht mehr weiterwissen. Dabei können sich Hunde mit schwacher Bindung gar nicht so verhalten, wie wir es uns von ihnen erwarten. Stattdessen haben sie nicht selten schwere Verhaltensstörungen. Zurück bleiben traumatisierte Hunde und zutiefst enttäuschte Besitzer. Und nicht selten landen solche Hunde leider irgendwann im Tierheim.

BINDUNG SCHAFFEN IST ARBEIT

Ab dem Tag, an dem ein neuer Hund bei uns einzieht, beginnen wir damit, das Fundament für eine solide Bindung zu legen. Bei Welpen gehen Bindung und Sozialisierung dabei Hand in Hand, wobei die Sozialisierung den jungen Hund eher praktisch an neue und andere Gewohnheiten, Dinge oder Strukturen gewöhnt. Zum Beispiel indem er lernt, einfache Grundkommandos auszuführen, im Auto und in öffentlichen Verkehrsmitteln mitzufahren, entspannt Gassi zu gehen, Kindern zu begegnen oder dem Kaninchen der Nachbarn … Die emotionale Komponente sorgt zusätzlich für Bindung: Vertrauen, Beschützen, Sicherheit und natürlich Liebe. Fehlt dem Hund eine oder mehrere dieser Komponenten in seiner emotionalen Ausstattung, ist die Bindung geschwächt oder sogar überhaupt nicht vorhanden. Stellen Sie sich vor, wie

Ich finde, es gibt nichts Schöneres, als gemeinsam abzuhängen. Damit beide entspannen können, muss der Hund uns aber voll und ganz vertrauen können.

Einfach mal Spaß haben, finde ich superwichtig. Aber keiner wird gezwungen mitzumachen.

verloren er sich dabei fühlen muss. Das wäre ja wie mit Eltern, die denken, es würde reichen, Kindern »alles« zu geben: die teuerste Schulbildung, luxuriöse Reisen, Hauspersonal und jede Menge Taschengeld. Die aber nie ein Ohr für die Probleme des Nachwuchses haben und sich nie bei Konflikten in der Schule oder mit Gleichaltrigen für ihn einsetzen und ihn seelisch unterstützen. Schrecklich, oder? Gefestigte und selbstsichere und somit glückliche und im vollen Sinne erfolgreich durchs Leben schreitende Kinder entwickeln sich trotz bester Absichten so nicht. Und genauso ist es bei den Fellnasen.

Neulich in der Welpenstunde

Zweimal die Woche scheint für mich die Sonne. Dann gebe ich in der Hundeschule Welpenspielstunde. In der gibt es jedes Mal eine kurze, zehnminütige Frage-und-Antwort-Runde, bei der sich die frischgebackenen und deshalb oftmals überforderten Hundeeltern Rat holen können. Die 8 bis 16 Wochen alten Welpen liegen mit dabei und werden so lange mit einer leckeren Kaustange aus getrockneter Kälberblase bei Laune gehalten. Der elastische Stick schont ihr empfindliches Welpengebiss und hat den magischen Effekt eines Schnullers: Er entspannt. Ist das Ding nach wenigen Minuten verputzt, beginnen die Kleinen sich schnell zu langweilen. Ist ja auch doof, wenn die Erwachsenen reden und keiner sich um einen kümmert. Kaum fängt die erste tapsige Fellnase zaghaft zu fiepsen oder ungeduldig zu bellen an, stimmt deswegen das ganze Welpenorchester ein.

Einigen Besitzern ist das richtig peinlich. Energisch versuchen sie ihre kleinen Nervensägen zur Ruhe zu bringen oder wieder runter ins »Sitz!« zu drücken. Dabei quasseln sie nicht selten in einem pädagogisch wertlosen Redeschwall auf ihre »Babys« ein. Ich erinnere mich noch genau, wie einmal ein gepflegtes, gut situiertes Ehepaar im vorgezogenen Pensionsalter besonders engagiert an ihrem knopfäugigen, schokoladenbraunen, gerade mal 68 Tage alten Labradorrüden herummanipulierte. »Nein, Freddy, hör auf mit Bellen! Nein, Schluss! Komm setz dich wieder hin! Bist du jetzt ruhig! Kein Belli, nein! Hör auf! FREEDYYYY aus, nein!« Das Ganze entwickelte schnell eine eigene Dynamik und endete in der verzweifelten Frage: »Jetzt sagen Sie doch mal, was kann man denn da tun, damit das mit diesem Bellen schnell aufhört?« »Sie könnten ihm operativ die Stimmbänder entfernen lassen«, antwortete ich ironisch und zum Glück lachten die meisten in der Runde. Was ich aber eigentlich damit sagen wollte: Hunde sind keine Dinge, die man an- und ausschalten kann. Sie sind hoch entwickelte Lebewesen mit vielfältigen Emotionen und den unterschiedlichsten Bedürfnissen. Welpen sind dabei

> **BINDUNG IST GRENZENLOS**
>
> Ob in der Tierwelt oder bei uns Menschen: Schon die Kleinsten lernen sich zu binden. Dabei darf man Bindung keinesfalls mit Abhängigkeit verwechseln. Kindliche Abhängigkeit nimmt im Lauf des Lebens ab, während die Bindung ein Leben lang bestehen bleibt. Zumindest wenn wir rechtzeitig begonnen haben sie aufzubauen.

besonders schnell überfordert. In der Welpenstunde prasseln jedes Mal Tausende neue Eindrücke auf sie ein. Eigentlich klar, dass sie deswegen besonders viel Verständnis, Geduld und Unterstützung von uns benötigen. Womit wir wieder beim Kleinkind-Vergleich aus der Verhaltensforschung sind. Dieses Bild macht es uns nämlich leicht, gedanklich und emotional bei unserem Hund zu sein, sein Verhalten zu verstehen, Empathie zu zeigen und dadurch richtig auf sein Verhalten zu reagieren. Und genau das schafft Bindung. Beim Baby genauso wie beim Welpen. Mit viel Vergnügen habe ich kürzlich ein wunderbares Buch über die Mutter-Kind-Bindung gelesen: »Artgerecht – Das andere Baby-Buch« von Nicola Schmidt. Ganze Passagen daraus könnte man auch auf die Mensch-Hund-Beziehung ummünzen. Man müsste dazu nur die Wörter »Baby« und »Kind« durch »Hund« ersetzen.

Ich muss gestehen, dass auch ich früher mit dem Handy am Ohr durch den Englischen Garten gelaufen bin und nach meinem Hund gerufen habe, weil der sich – zu Recht, wie ich heute weiß – kilometerweit von mir verabschiedet hatte. Nach dem Motto: Herrchen interessiert sich ja eh nicht für mich. Verbindung getrennt, kein Anschluss unter dieser Nummer.

Entspannt miteinander spazieren gehen ist keine Frage von Drill und Gehorsam, sondern von Sicherheit und Vertrauen.

IST BINDUNG VIELLEICHT ERZIEHUNGSSACHE?

Bis in die 90er-Jahre des vergangenen Jahrhunderts dachte man, dass es beim Training, bei der Ausbildung und beim Zusammenleben mit Hunden vorrangig auf eine gute, strenge und konsequente Erziehung ankommt. Aus heutiger Sicht kann man das kaum noch nachvollziehen, *aber die Zeiten waren damals eben anders.* Es gab kaum Hundeschulen und gut ausgebildete Lehrer waren Mangelware. Alles Wissen über Hunde, wie sie leben, lernen und wie man sie erziehen sollte, kam mehr oder weniger aus dem Polizei- und Hundesport. Und bedeutete somit Drill, eiserne Disziplin und gnadenlose Unterwerfung. Die Welpenspielstunde fand im Schäferhund- oder Boxerverein statt und »Sitz, Platz, Bleib!« konnte dem kleinen Terrier bei dieser Gelegenheit auch gleich noch eingetrichtert werden.

Leider haben einzelne Relikte aus diesen dunklen Tagen überdauert, so wie der Schwachsinn vom Alphawurf, die Mär von der Dominanz und die Behauptung, ein Hund habe immer an meiner linken Seite zu gehen (die Waffe steckt rechts, der Wachhund läuft links).

Was wurde und wird Hunden damit bis heute von teilweise unverbesserlichen Menschen angetan! Zum Glück hat die Wissenschaft, Psychologie und Verhaltensforschung in den vergangenen Jahren Unglaubliches auf dem Gebiet der Kynologie und der Erforschung der Mensch-Hund-Beziehung geleistet.

Dass Bindung nicht das Gleiche ist wie Erziehung, habe ich in meinem Alltag mit Hunden immer wieder erfahren. Und trotzdem bedingen sich beide. Zwar kann eine geschwächte oder fehlende Bindung nicht durch mehr Erziehung ausgeglichen werden. Es kommt zwangsläufig zu Problemen. Andersherum aber macht eine gute und enge Bindung zwischen einem Mensch und seiner Fellnase die Erziehung wesentlich einfacher.

Je mehr Hundebesitzer ich treffe, desto besser begreife ich, dass fast jeder eine andere, ganz eigene Vorstellung von der Bindung und Beziehung zu seiner Fellnase hat. Beziehungsdiversität denke ich da und muss lachen. Ist ja in unserer Menschenwelt mittlerweile genauso. Reden Sie mal auf einer Party mit Menschen über 30 über ihr Beziehungsmodell. Das ist teilweise echt verwirrend: offen, halboffen, Freundschaft plus, polygam und polyamor … Für Hunde dagegen ist die Sache klar: Wenn wir uns für eine Fellnase entscheiden, egal woher sie kommt, wird sie alles dafür tun, um sich schnell und mit Herz und Seele an uns zu binden. Und zwar ihr Leben lang. Das Beziehungsmodell unserer Hunde lautet: Bis dass der Tod uns scheidet. Diese Bereitschaft und Fähigkeit ist übrigens einzigartig unter den Spezies auf unserem Planeten. Der Hund hat es wie kein anderes Lebewesen geschafft, sich dem Menschen über Jahrtausende als sozialer Bindungspartner anzupassen.

»WER SEINEN HUND LIEBT, MUSS LERNEN, IHN ZU VERSTEHEN.«

Womöglich denken Sie in diesem Moment: »Stimmt, keiner kennt mich besser als mein Hund.« Und ja, Sie haben vollkommen recht. Denn Hunde haben jede Zeit der Welt und sie machen nichts lieber, als uns »auszuspionieren«. Sie beobachten, studieren und imitieren uns – und das alles nur, um unser wirklich bester Freund und Partner zu werden. Kein anderes Lebewesen außer uns Menschen macht das. Gibt es einen schöneren Liebesbeweis?

DIE FÜNF SÄULEN DER BINDUNG

Im Grunde ist es doch ganz einfach: Um eine zuverlässige Bindung entstehen zu lassen, benötigt jeder Hund einen Menschen, der sich voll und ganz auf ihn einlässt. Wie bei unseren »echten« menschlichen Beziehungen. Damit Bindung und Vertrauen vom ersten Tag unseres Zusammenlebens an wachsen können, braucht es gemeinsame Rituale, Dinge, Orte und Worte sowie die

Bereitschaft, in jeder Lebensphase gezielt auf den Bindungspartner einzugehen. Mein Großvater Otto, ein Bankangestellter, suchte jeden Freitag nach Büroschluss dasselbe Blumengeschäft auf und kaufte für meine Großmutter Elsbeth einen Strauß roter Rosen (klingt vielleicht altmodisch, aber damals waren Männer so). Mit diesem Strauß kam er dann nach Hause. Das zarte Seidenpapier hatte er vorsorglich, ganz »gentlemanlike« schon vor der Tür entfernt, und als meine Oma dieselbe öffnete, blickte sie direkt auf ihr opulentes Geschenk. Sie freute sich jedes Mal wie ein junges Mädchen bei ihrem ersten Date und auch mein Großvater war auf einmal ganz aufgeregt. Die stressige Arbeitswoche, in der zwischen ihnen wie bei allen lange verheirateten Paaren sicher auch mal das ein oder andere, dem Stress geschuldete unüberlegte Wort gefallen war, schien vergessen.

DIE 5 SÄULEN DER BINDUNG
- Liebe und Vertrauen
- Schutz und Sicherheit
- Verständnisvoll sein
- Richtige Kommunikation
- Gemeinsames Erleben

Leider habe ich diesen besonderen Moment, das Ritual meiner Großeltern, nie persönlich miterleben dürfen. Ich war noch ein Baby, als meine Großmutter leider viel zu früh verstarb. Mein Großvater hat mir die Geschichte erst Jahre später erzählt, als ich ihn fragte, warum er eigentlich jeden Freitag einen Strauß roter Rosen neben das gerahmte Foto meiner Oma stellte. Ein, wie ich finde, sehr romantisches Beispiel, das zeigt, wie Rituale eine Beziehung über Jahre frisch halten und stärken können. Nicht nur unter Menschen, denn das Ganze klappt auch prima beim Hund. Was nicht heißt, dass Sie Ihre Fellnase von nun an jeden Freitag mit einen Strauß Rosen überraschen sollen. Aber ein gemeinsames Abendritual, bei dem Sie sich fünf Minuten intensiv Zeit für Ihren Hund nehmen und ihn streicheln oder sanft die Muskulatur seiner Wirbelsäule massieren, beruhigt und verbindet.

An Bindung muss man arbeiten, sie ist einfach nicht automatisch da – wie aus dem Nichts. Stattdessen ist es ein langer Prozess: Bindung muss wachsen und auch später, wenn der Hund älter wird, immer wieder gepflegt werden. Aber wie funktioniert das genau und was kann man in der Praxis für eine enge, stabile Bindung alles tun?

Neben der Bereitschaft, sich überhaupt auf Bindung einzulassen, was natürlich das Wichtigste ist, helfen Ihnen fünf Säulen, Ihren Hund auf artgerechte Weise zu lenken und so in Ihr Leben zu integrieren, dass sich alle Partner gleichermaßen wohlfühlen. Mit diesen fünf Säulen als Fundament können Sie eine starke Verbindung aufbauen, die Ihre Beziehung ein Leben lang trägt. Und das Gute daran ist: Sie können immer weiter an diesen Säulen bauen und sie so immer fester und stabiler machen.

»HUNDE WAREN SCHON IMMER MEIN EIN UND ALLES – SO WIE GIZMO UND KHALEESI HEUTE.«

1. SÄULE: LIEBE UND VERTRAUEN

LIEBE UND VERTRAUEN STEHEN FÜR MICH AN ERSTER STELLE. AUCH WENN SIE NICHT DIE WICHTIGSTE SÄULE FÜR EINE SOLIDE BINDUNG SIND, BILDEN SIE IN DER BEZIEHUNG ZWISCHEN ZWEI MENSCHEN ODER ZWISCHEN MENSCH UND HUND DOCH DIE SICHERE BASIS DAFÜR.

KUMPEL FÜRS LEBEN

Unsere Fellnasen sind schon lange keine Arbeitstiere mehr, sondern längst echte Beziehungspartner. Mit ein paar netten Worten und kumpelhaftem Hinterm-Ohr-Kraulen ist es da nicht mehr getan. Genauso aber kann zu viel oder falsch verstandene Liebe sie auch »erdrücken«. Dabei soll Liebe die Bindung doch stärken.

Frage ich Menschen, was ihnen ihre Fellnase bedeutet, antworten sie meist wie aus der Pistole geschossen: »Mein Hund ist für mich wie ein Kind!« Auch für mich sind Welpen wie Babys und ausgewachsene Hunde wie Kleinkinder. Wenn Sie selbst mit einem Hund zusammenleben, werden Sie jetzt vermutlich verständnisvoll schmunzeln. Viele Hundebesitzer empfinden wie ich und stoßen trotzdem bei Nichthundebesitzern damit oft auf Unverständnis. Verstehen Sie mich nicht falsch: Es geht mir dabei nicht um eine Vermenschlichung. Aber die Kind-Hund-Theorie ist von Verhaltensforschern schon seit Längerem bestätigt. Wissenschaftler sprechen bei diesem Vergleich von einem babymorphen Verhaltensmodell: der Hund als Kleinkindersatz. Wie die meisten Hundebesitzer sehen sie unsere Fellnasen heute als Familienmitglieder – mit Kinderrechten. Hunde tragen ja auch genau wie Kinder zur emotionalen Stabilität der Familie bei (eine positive Wirkung auf Kinder üben sie übrigens auch aus). An der »Kleinkind im Hundefell«-Metapher ist also durchaus was dran, auch wenn sie ganz andere Probleme hervorbringen kann.

Die Vorstellung, dass wir für den Hund das (Ersatz-)Rudel seien und nur eine Person der Leithammel wäre – man nennt das lupomorphes Modell –, gilt dagegen seit fast zehn Jahren als widerlegt, auch wenn sie immer noch in zahlreichen Büchern und Artikeln auftaucht.

Ich verstehe schon: Irgendwie ist das mit dem Rudel ja auch romantisch, und wer Filme wie »Der mit dem Wolf tanzt« oder »Der letzte Wolf« liebt und Mussorgskys »Peter und der Wolf« zum Einschlafen hört, kann sich mit diesem wölfischen Modell zum Zusammenleben von Zwei- und Vierbeinern vermutlich leicht identifizieren. Aber glauben Sie mir, ob jetzt Papa der »Alphawolf« ist, nach dessen Pfeife alle tanzen müssen, oder Mama, an der unter der Woche oft die ganze Arbeit mit dem Wauwau hängen bleibt: Ein Hund weiß sehr genau, dass wir keine Hunde sind, und wird uns deshalb auch nie als seinesgleichen akzeptieren.

HUNDE HABEN SPEZIELLE BEDÜRFNISSE

Mir persönlich hat es emotional sehr geholfen, Hunde einfach als kleine Kinder zu betrachten, die man an die Hand nehmen muss. Denn diese Visualisierung hat meine Gefühle in Stresssituationen nachhaltig verändert – von genervt zu geduldig, von wütend zu verständnisvoll. Trotz aller Ähnlichkeiten muss man aber realistisch bleiben und sich bewusst machen, dass Hunde auch noch völlig andere Bedürfnisse haben als Menschen. Denken Sie nur mal an

Hunde wälzen sich für ihr Leben gern irgendwo herum. Nach ein paar »bösen« Überraschungen achte ich darauf, dass sie es nur noch im Gras machen.

ihre Sinne: Während wir zum Beispiel die Welt um uns herum vor allem sehen, nehmen Hunde sie hauptsächlich mit ihrer Nase wahr. Jeden Tag erschnüffeln sich unsere Vierbeiner komplexe Informationen, weil ihre Riechorgane ähnlich wie ein Massenspektrometer Gerüche in einzelne Moleküle zerlegen und bis aufs Kleinste dechiffrieren können. Genauso sind auch Hundeohren ein wahres Wunder der Evolution. Unsere Vierbeiner können Töne im Ultraschallbereich mit bis zu 40000 Schwingungen pro Sekunde wahrnehmen. Wo sich unsere eigenen Lauscher schon längst verabschiedet haben, bekommen unsere Fellnasen ohne Mühe jede Kleinigkeit mit. Hinzu kommt, dass Hunde ihre Ohrmuscheln wie ein Radar bewegen können – und das auch noch unabhängig voneinander. Außerdem besitzen sie die Fähigkeit, selektiv zu hören. Das heißt, sie können ganz bewusst einzelne Geräuschquellen aus- und wieder anschalten. Das rettet die hypersensiblen Hörwunder vor dem alltäglichen Geräusche-Overkill. Es erklärt aber auch, warum mein introvertierter Mops Gizmo selbst bei lautester TV-Berieselung tief und fest schläft, ihm aber nie, wirklich niemals entgeht, wenn ich währenddessen ganz leise in die Küche schleiche und die Kühlschranktüre öffne. Flink wie ein Erdhörnchen katapultiert es ihn dann jedes Mal aus seinem Schlummerkissen. Dabei reißt er seine Kulleraugen riesig weit auf und starrt wie eine Eule auf den austretenden Lichtstrahl der Kühlschranktüre.

Hunde werden im Vergleich zu uns Menschen auch viel mehr durch Instinkte und genetisch fixiertes Verhalten geleitet. Ihr Jagdtrieb, ihre schier unbändige Fresssucht, ihre »Leidenschaft«, sich in Aas, Fäkalien und ähnlich ekelhaften Dingen zu wälzen, oder ihr Sexualtrieb (um nur einige zu nennen) machen unsere Hunde zu viel- und tiefschichtigen Individuen, deren Verhalten für uns leider oft nicht nachvollziehbar ist.

Verständig sein statt schimpfen

Ich weiß noch genau, wie sauer und genervt ich früher an manchen Tagen auf Gizmo war, wenn er beim Gassigehen einfach ausbüxte. Aber eine läufige Hündin kann seine kleine Stupsnase eben vier Kilometer weit riechen. Und wenn die ersten aphrodisierenden Moleküle wie ein Supermagnet in seine Richtung wehen, startet in seinem Gehirn ein unbarmherziges, genetisch fixiertes Programm. Er muss da hin. Es geht einfach nicht anders.

Und wie viele Schimpftiraden musste Khaleesi über sich ergehen lassen, als sie klatschnass und sichtlich niedergeschlagen mit eingezogener Rute in der Badewanne stand, während ich ihr die stinkenden Wildschweinfäkalien aus dem Fell schrubbte, in denen sie sich kurz zuvor im Wald noch genüsslich

Wer vorausschauend handelt, kann seine Fellnase vor gefährlichen Situationen schützen – und den Spaziergang entspannt genießen.

gewälzt hatte. Die arme Maus! Es tut mir jetzt noch in der Seele weh. Wie unverstanden muss sie sich da gefühlt haben. Dabei ist sie doch nur ihrem genetischen Code gefolgt.

Heute reagiere ich verständnisvoller und denke einfach voraus. Im »Wildschweinewald« kommt mein graues Labradormädchen an die Leine und Gizmos neues Accessoire ist ab und an ein Brustgeschirr mit Schleppleine, die es mir ermöglicht, ihn vor gefährlichen, weil unbeaufsichtigten Ausflügen auf Romeos Spuren zu bewahren. Wo es gefahrlos und ohne »Nebenwirkung« möglich ist, dürfen sie ein Stück weit ganz Hund sein. Liebe beginnt da, wo wir für das artgerechte Verhalten unserer Fellnasen Verständnis zeigen, sie aber trotzdem schützen und regulieren, wenn sonst Probleme drohen. Einen größeren Vertrauensbeweis können wir unseren Lieblingen kaum schenken.

JEDER HUND IST ANDERS

Liebe und Vertrauen sind die Basis für eine enge Bindung. Wenn wir unserem Hund aufrichtig zeigen, dass wir ihn lieben, wird er im Gegenzug unsere Zuneigung zulassen und erwidern. So ist es auch bei uns zu Hause. Die täglichen Streichel- und Kuscheleinheiten mit Gizmo und Khaleesi geben uns allen sehr viel gute Energie. Hunde sind von Natur aus körperbetont und Berührungen sind ihnen wichtig. Jedoch reagiert jeder Hund etwas anders darauf. Gizmo zum Beispiel ist, wenn es ums Streicheln geht, der absolute Kuschelweltmeister. Er fordert körperliche Nähe stoisch ein und genießt es, grunzend wie ein kleines Ferkel, rücklings in meinen Armen zu liegen und gekrault zu werden.

Khaleesi dagegen ist zu viel körperliche Nähe eher unangenehm. Sie liebt es, überall mit dabei zu sein, aber im Arm liegen und schmusen ist ihr suspekt. Das war schon so, als sie noch ein ganz junger Welpe war. Kaum eine Hand groß kuschelte sie damals zwar entspannt in meiner Armbeuge ein, doch wenn ich sie zu streicheln begann, wurde sie bereits nach ein paar Minuten unruhig und wollte ganz schnell wieder weg. Heute weiß ich, dass ich Khaleesi mit stimmlichem Lob viel schneller glücklich machen kann als mit Berührungen. Ihr ganzer Körper beginnt dann zu schwingen und ich kann ihre gute Laune förmlich spüren. Hunde sind eben Individualisten und jeder hat, wie wir Menschen auch, andere Bedürfnisse.

Auch Kuscheln will gelernt sein

Damit sich unsere Zuneigung positiv auf die Bindung auswirken kann, ist es wichtig, ein paar einfache Regeln zu beachten: Ich streichle meine Hunde beispielsweise nur, wenn sie gerade ruhig und entspannt sind. So vermeide ich, ohne es zu bemerken, unerwünschtes Verhalten zu belohnen. Hunde bevorzugen es außerdem, zärtlich gestreichelt zu werden – besonders am Hals, am Brustkorb und an den Flanken. Manchmal rede ich dabei ganz bedächtig mit ihnen oder lobe sie einfach nur leise. Meine Hunde können dabei wunderbar entspannen. Nach einem tiefen Seufzer hebt und senkt sich ihr Brustkorb sachte und wir genießen zufrieden

> »EMOTIONALE LIEBE IST SO VIEL MEHR ALS STREICHELN. SIE GIBT IHREM HUND STABILITÄT UND SICHERHEIT.«

den Augenblick. Diese schlichten Momente des Glücks sind für unsere Bindung deshalb so wirksam, weil sie in einer entspannten Atmosphäre und nicht einfach im Vorbeigehen passieren.

Der größte Fehler beim Hundebeschmusen liegt dagegen darin, sich von oben über den Hund zu beugen und ihn herzhaft am Kopf zu kraulen. Irgendwie auch klar, Menschen wirken auf Hunde schließlich schon aufgrund ihrer Größe bedrohlich. Auf Menschenkinder übrigens auch: Ich kann mich noch genau erinnern, wie sich mir als kleiner Stöpsel die Nackenhaare aufstellten, wenn Tante Gundel, von uns allen nur »Dipsi« genannt, mit ihrer hochtoupierten Frisur (die übrigens von so viel Haarspray gestützt wurde, dass ein klitzekleiner Funken eine Stichflamme in Atompilzgröße zur Folge gehabt hätte) zu

Besuch kam. Eine für mich extrem unangenehme und süßlich schwere Parfum-
wolke umhüllte sie – irgendetwas zwischen Opium, Tosca und Insektenspray.
Gut, zu ihrer Entschuldigung muss ich zugeben, es war ein extremes Jahr-
zehnt, es waren die Siebziger. Aber warum beugte sich meine Tante jedes Mal
zur Begrüßung von oben über mich und wuschelte durch meine Haare. »Der
Bub ist aber schon wieder ein Stück gewachsen, oder?«, säuselte sie, während
ich ängstlich und genervt zurückzuckte und versuchte nicht zu atmen.

Hunden geht es ähnlich. Sie hassen es, am Kopf berührt zu werden. Das
ist für sie unnatürlich und das Von-oben-Herabbeugen wirkt auf sie bedrohlich. Reflexartig ziehen sie also den Kopf zurück und signalisieren uns damit:
»Das ist mir unangenehm.« Leider habe ich bei Gizmo genau diesen Fehler
anfangs auch oft gemacht, weshalb er richtig »kopfscheu« wurde. Kaum spürt
er eine Hand über seinem Kopf zieht er schon die Schultern hoch und zuckt
regelrecht zusammen. Nur wenn er ganz entspannt ist, gestattet er es, dass
man seinen Kopf streichelt. Heute begegne ich Hunden, so oft ich kann, auf
Augenhöhe, indem ich einfach in die Hocke gehe. Schließlich machen sich
auch Hunde kleiner, wenn sie Artgenossen begegnen, die sie noch nicht richtig einschätzen können. Ducken sich oder legen sich flach auf den Boden.
Denn klein heißt freundlich. Oder in Hundesprache übersetzt: Ich bin ganz
harmlos und ungefährlich.

Umarmen und Knuddeln ist ebenfalls für fast alle Hunde eine Tortur. Was
für uns »Primaten« absolute Zuneigung und Nähe ausdrückt, ist für Hunde
einfach nur ungezogen und übergriffig. Klar, bei uns Menschen fühlt sich eine
Umarmung gut an. Wir können damit einen ganzen Ozean an Gefühlen vermitteln, wie Unterstützung, Liebe, Mitgefühl und noch eine ganze Reihe anderer Emotionen. Von dem Moment an, in dem wir unser erstes Schmusetier im
Arm halten, drücken wir unsere Zuneigung, Wertschätzung und tiefe Liebe
durch Umarmungen aus. Die Mehrheit der Hunde auf dieser Welt versteht
unsere gut gemeinte Geste allerdings falsch.

Haben Sie draußen schon mal beobachtet, was passiert, wenn ein Hund
seine Vorderpfote oder sogar seinen Kopf auf den Rücken eines anderen Hundes legt? Es dauert keine drei Sekunden und die Situation eskaliert. In Hundesprache bedeutet das »Umarmen« nämlich nichts anderes als: »Du hast hier
nichts zu melden. Du machst, was ich will. Du tanzt nach meiner Pfeife.«

Die meisten Hunde ertragen unsere Umarmungen mit Geduld und Unter-
würfigkeit, obwohl wir damit massiv in ihre Freiheit eingreifen. Gerade bei
unsicheren Hunden ist dieses Verhalten jedoch eher bindungsschwächend –
und auch nicht ganz ungefährlich. Ein und derselbe Hund akzeptiert vielleicht

Gizmo ist ein echtes »Kuschelmonster«. Aber nicht jeder Hund steht wie er auf engen Körperkontakt.

eine Umarmung von seinem persönlichen Bindungspartner. Wenn sich allerdings ein anderes Familienmitglied oder ein fremdes Kind ihm gegenüber so verhält, kann er schon mal zuschnappen.

Auch wenn ein Hund ängstlich oder nervös überreagiert, ist es kontraproduktiv, ihn mit Streicheleinheiten zu beruhigen. Mehr noch: Es kann sogar gefährlich werden. Ich habe das selbst schon erlebt. Unsichere Hunde sind emotional oft sehr ambivalent. Sie sehnen sich zwar nach Nähe, können diese aber nur schwer aushalten. Aufgeregt lief mir einmal eine mittelgroße Hündin aus dem Tierschutz in die Arme. Wir begegneten uns zum ersten Mal. Geduckt rannte sie auf mich zu und schmiegte schwanzwedelnd ihren Körper fest an mich. Ich folgte dem menschlichen Reflex und streckte meine Hand nach dem bedauernswerten Hundchen aus, um es zu streicheln. »Vielleicht tröstet dich das ein wenig«, dachte ich. Doch dem gestressten Hund wurde meine körperliche Nähe plötzlich zu viel. Er schnappte richtig fest zu. Autsch!

In Kombination mit tröstenden Worten hilft Streicheln vielleicht bei kleinen Kindern. Hunde aber ticken anders: Das Streicheln bestärkt sie in diesem Moment nur in ihrem Verhalten und signalisiert ihnen, dass sie gerade alles richtig machen. Fazit: Fehlverhalten lässt sich nicht weglieben. Das würde die Bindung eher schwächen.

WIE HUNDE ZEIGEN, DASS SIE UNS LIEBEN

Grundsätzlich bin ich fest davon überzeugt, dass jeder Hund unsere tiefe, ehrlich gemeinte Liebe spürt. Dass ihn diese Liebe trägt, ihn bestärkt und glücklich macht. Und dass wir es ihm damit leicht machen, uns seine Liebe und emotionale Verbindung ebenfalls zu zeigen – natürlich auf seine eigene, hündische Art.

Gelebte Hundeliebe reicht von kleinen, kurzen Berührungen, Schwanzwedeln oder Jaulen über ruhige, innige Momente, in denen er uns einen tiefen Blick in seine Hundeaugen gewährt, bis hin zum großen »Wiedersehenstheater«. Das spielt sich übrigens bei meinen beiden haarigen Mitbewohnern völlig unterschiedlich ab: Khaleesi rastet jedes Mal vor Freude aus, wenn ich nach Hause komme. Sie wimmert, winselt und tänzelt wie ein Derwisch um mich herum. Ich habe das Gefühl, in diesem Moment entlädt sich bei ihr die ganze Anspannung des Wartens. Dann schleppt sie ihre Lieblingsspielsachen heran und legt sie mir zärtlich vor die Füße.

Gizmo dagegen verhält sich eher wie der dicke, mürrische Perserkater meiner Freundin Heike. Er liegt verpennt in seinem Hundebett und manchmal tut er sogar so, als würde er so tief und fest schlafen, dass er gar nicht mitbekäme, was um ihn herum geschieht. Das ist die absolute Krönung! Erst wenn ich die Einkaufstüten in der Küche abstelle, bequemt er sich von seinem Platz. Völlig unvermittelt und wie aus dem Nichts ist er dann da. Leise und schnell wie ein Panther – um die Taschen unauffällig und ganz nebenbei nach Leckereien abzuchecken.

Viele Hundetrainer und -schulen raten ihren Klienten, das freudige und aufgedrehte Verhalten ihrer Hunde beim Nachhausekommen generell zu ignorieren. Allerdings haben Verhaltensforscher erst kürzlich eine große Testreihe mit überraschendem Ergebnis gestartet: Hunde, deren Menschen ihr Begrüßungsverhalten direkt erwidern, haben einen höheren Oxytocinspiegel im Blut als Hunde, deren Begrüßungsfreude ständig ignoriert wird. Oxytocin ist das Bindungshormon. Flutet Oxytocin durch den Körper unseres Hundes, senkt es den Stress und schafft Vertrauen. Ignorieren wir also diesen Liebesbeweis unserer Fellnasen, riskieren wir damit, die Bindung zu schwächen. Das ist wissenschaftlich bewiesen. Ohne Wenn und Aber.

FEUCHTE KÜSSE

Noch so eine Frage, die unter »Hundeeltern« gerne diskutiert wird, ist die Sache mit dem Abschlabbern. Zugegeben: Gizmos kleine Mopszunge ist relativ unspektakulär. Eine 20 Zentimeter lange, raue und sabberfeuchte Labradorzunge dagegen ist durchaus gewöhnungsbedürftig. Besonders wenn sie einem mitten über das Gesicht leckt.

Maul und Zunge sind für Hunde in etwa das, was unsere Hände für uns Menschen sind: ein wichtiges Kommunikationsmittel. Ist einem Hund etwas unangenehm, leckt er sich blitzschnell über den Fang. Bei der Begrüßung ist gegenseitiges Belecken reine Höflichkeit. Intensive Körper- oder Fellpflege mit der Zunge ist unter Hunden ein Zeichen aufrichtiger Zusammengehörigkeit und Liebe. Bereits im Welpenalter sorgt die Hundemutter durch ständiges Ablecken auch dafür, dass sich ihre Babys wohl und geborgen fühlen. Kein Wunder, dass unsere Fellnase diese Geste an uns weitergeben will. Allerdings ist Hundespeichel per se nicht frei von Keimen. Unsere Vierbeiner untersuchen mit ihrer Zunge schließlich nur allzu gerne auch Orte, die ich aus Gründen des Anstandes hier vermeide aufzuzählen. Mich erinnert dieses Verhalten an Kleinkinder in der oralen Phase. Doch während Kinder aus dieser wieder herauswachsen, bleiben Hunde darin hängen. Deshalb wimmelt es in einem Hundemaul nur so vor Bakterien. Allein aus diesem Grund vermeide ich es, mir von meinen beiden Zungenakrobaten das Gesicht ablecken zu lassen. Falsch finde ich es allerdings, dem Hund das Ablecken generell zu verbieten. Er will uns damit doch nur seine tiefe Zuneigung zeigen. Ein Verbot würde er nicht verstehen und das wiederum würde die Bindung schwächen. Droht bei uns zu Hause mal wieder eine Schlabber-Schleck-Attacke, lasse ich mir deswegen von meinen Fellnasen einfach ausgiebig die Hände »pflegen«. Das anschließende gründliche Händewaschen ist schnell erledigt.

Hund oder Wasch-maschine? Durch aus-giebiges Abschlabbern zeigen unsere Fell-nasen uns ihre Liebe.

SCHLAF GESUND MIT HUND

Wie Sie sehen, sind Hunde also durchaus in der Lage, Fürsorge und Liebe zu zeigen. In diesem Zusammenhang stellt man mir in der Welpenspielstunde übrigens regelmäßig die Frage, ob ein Hund nun eigentlich mit ins Bett darf oder ob das nicht doch eklig ist. Ich antworte dann meist mit einer Gegen-frage: »Was möchten Sie denn?«

Erst kürzlich habe ich ein sehr interessantes Buch über Streunerhunde gelesen, für das der Autor, Stefan Kirchhoff, über Wochen in ganz Europa wild lebende Straßenhunde beobachtete und fotografierte. Hängen geblieben ist bei mir vor allem, was er über das Ruheverhalten von wild lebenden Hunden schreibt: Einzelgänger, die sich zu einer losen Hundegruppe zusammen-geschlossen haben, schlafen zwar gemeinsam an einem Platz, kuscheln sich aber nicht aneinander. Das machen nur Hundefamilien. Innerhalb eines

Familienverbandes ist Kuscheln genauso wichtig wie Schnauzenlecken und die gegenseitige Fellpflege. Es gibt sogar einen eigenen wissenschaftlichen Begriff dafür: sozio-positives Verhalten.

Ist es nicht logisch, dass unsere wuscheligen Familienmitglieder das natürliche Bedürfnis verspüren, auch mit uns ganz nah zusammen rumzuliegen. So gesehen ist also nichts dabei, sie mit ins Bett zu lassen und mit ihnen zu kuscheln. Ganz im Gegenteil! Dieses sozio-positive Verhalten sorgt für eine gute Bindung. Matthias und ich haben zu Hause mit unseren beiden »Kids« einen Deal: Nach ausführlichen Regenspaziergängen und während des Fellwechsels ist unser Bett für sie Sperrzone. Schließlich hat jeder der beiden ein eigenes, superbequemes Körbchen, in dem sie die Nacht ohne uns verbringen »dürfen«. Gizmo und Khaleesi schlafen dann meistens getrennt. Manchmal aber kuscheln sie sich auch in einem Hundebett eng aneinander. Unvorstellbar eigentlich, wenn man bedenkt, wie schrecklich Gizmo es anfangs fand, wenn Khaleesi ihm so auf die Pelle gerückt ist. Aber die Zeiten ändern sich eben, auch für unsere Hunde.

Mal ohne die Fellnase im Bett zu liegen, das wirkt sich übrigens auch sehr gut auf den eigenen Schlaf aus. Schlafforscher haben nämlich herausgefunden, dass man zwar viel schneller und entspannter einschläft, wenn Zwei- und Vierbeiner im selben Zimmer schlafen. Verbringt der Hund die Nacht allerdings mit im Bett, sieht das Ganze schon wieder anders aus. Wir schlafen dann unruhiger und die Schlafphasen werden auch öfter unterbrochen – das wiederum ist auf Dauer ungesund.

Für die meisten Hunde ist die Frage »Bett, ja oder nein?« schnell beantwortet – mit einem klaren: »Ja, ich will!« Ihre Fellnase wird da kaum eine Ausnahme machen. Aber was sagt Ihnen Ihr eigenes Gefühl? Hören Sie mal nur auf sich selbst. Das ist ein Ding zwischen Ihnen und Ihrem Hund. Wenn Sie es mit Ihrer inneren Überzeugung wirklich nicht vereinbaren können: Kein Problem, lassen Sie es. Wichtig ist, dass Sie mit Ihrer Entscheidung authentisch sind. Denn Hunde spüren, was wir wirklich fühlen. Bieten Sie in diesem Fall Ihrer Fellnase aber einen »emotionalen« Ersatz an. Kuscheln oder einfach nur harmonisch miteinander herumliegen können Sie auch auf dem Fußboden. Glimmt aber in Ihrem Herzen nur das leiseste Fünkchen Sehnsucht nach diesem wunderschönen und besonderen Gefühl der Verbundenheit, lassen Sie Ihren Hund rein ins Bett – oder drauf.

SIE DÜRFEN ENTSCHEIDEN!

Klare Regeln helfen, die Hoheit über das Bett zu behalten. Hunde haben nämlich überhaupt kein Problem damit, wenn ihnen unser Bett nicht zeitlich unbegrenzt zur Verfügung steht. Eine kuschelige Überdecke hilft natürlich genauso, weil sie vor unerwünschten Sabberflecken schützt. Die sind nämlich wirklich eklig.

LIEBE DARF MAN NICHT ERZWINGEN

In der Regel bringen Hunde ihre Zuneigung deutlich zum Ausdruck, wenn sie sich geliebt und sicher fühlen – es wird geschlabbert, angelehnt und gekuschelt, was das Zeug hält. Manche Fellnasen tun sich damit jedoch mitunter schwer. Das gilt besonders für schüchterne und zurückhaltende Hunde, zum Beispiel aus dem Tierschutz.

In meiner Sendung »Haustier sucht Herz« vermittle ich seit drei Jahren erfolgreich Fellnasen, die mitunter schon sehr lang auf ein neues Zuhause warten. Ich denke, jeder, der schon einmal so einem Hund eine Chance gegeben hat, weiß, wie intensiv das Zusammenleben mit ihm werden kann. Es gibt gute, aber auch schlechte Zeiten. Vor allem eins aber darf man nicht erwarten: Dass so ein verunsicherter »Anfänger« in Sachen Bindung unsere Liebe und Zuneigung sofort erwidert. Wie auch? Die meisten haben schlimme Dinge erlebt und ganz oft war der Mensch die Ursache für ihre Not.

Vertrauen muss wachsen

Dass Hunde, auch wenn sie im Leben immer wieder bitter enttäuscht wurden, Menschen trotzdem noch einmal eine Chance geben, diese Eigenschaft bewundere ich sehr. Allerdings muss ihr Vertrauen dazu ganz sachte wieder wachsen. Das geht bei einigen Hunden schneller, bei anderen braucht es sehr viel Zeit – vielleicht mehr, als man gedacht hat.

Ein Geheimnis ist dabei, im Umgang miteinander die nötige Distanz zu bewahren. Damit meine ich nicht, dass man einen unsicheren, schüchternen oder ängstlichen Hund ignorieren sollte. Wir sollten aber seine Angst akzeptieren, sie verstehen und an ihr arbeiten. Das heißt: Der Mensch zeigt dem Hund zwar seine Liebe, aber der bestimmt das Tempo.

»SO SELTSAM ES KLINGT: MANCHMAL SCHAFFT DISTANZ NÄHE.«

Hunde fühlen sich wohl, wenn sie den ersten Schritt machen können und wir sie emotional nicht in die Enge treiben, sondern Geduld haben und abwarten. Und das trifft ganz besonders auf unsichere, ängstliche Hunde zu. Ich habe Hunde erlebt, die sich ein halbes Jahr und länger in ihr Schneckenhaus verkrochen haben. Für ihre Menschen, die doch nichts anderes wollten, als zu helfen, war das bei allem guten Willen oft sehr belastend. Umso mehr freue ich mich, dass sie trotz allem ruhig und gelassen geblieben sind und ihren ängstlichen Hund nie unter Druck gesetzt haben. Denn genauso schaffen es die meisten Fellnasen irgendwann doch wieder, uns zu vertrauen und die Basis für eine starke Bindung aufzubauen.

»GIFTIGE« LIEBE

*Ja, Hunde sind uns Menschen zum Teil ganz schön ähnlich. Genau
das kann die Beziehung zu ihnen mitunter aber auch schwierig
machen. Wir dürfen eben nicht vergessen, dass sie ihre ganz eigenen
Bedürfnisse haben und nicht automatisch dasselbe wollen wie wir.
Der Lohn? Bedingungslose Liebe auf vier Pfoten!*

Es gibt viele wissenschaftliche Forschungen zur Intelligenz von Hunden, die
zeigen, dass Hunde, nicht nur was ihre emotionalen Bedürfnisse angeht,
Kleinkindern ähneln. Eine Studie der University of British Columbia im kanadi-
schen Vancouver zum Beispiel vergleicht auch ihre geistigen Fähigkeiten mit
denen eines zwei- bis zweieinhalbjährigen Kindes. Hunde haben Scharfsinn,
sie können sich bis zu 250 Wörter merken und komplexe Probleme lösen.
Deshalb sind sie uns Menschen und anderen Primaten ähnlicher als bisher
angenommen. Und deshalb ist die Bindung zwischen Zwei- und Vierbeinern
bisweilen besonders stark. Aber gerade, dass wir so viel von uns selbst in unseren Vierbeinern wiedererkennen, kann auch gefährlich werden. Problema-
tisch wird es vor allem dann, wenn wir unseren vierbeinigen Lebenspartnern
unsere ureigenen, menschlichen Emotionen überstülpen oder unsere
(menschlichen) Gedanken und Erwartungen auf sie projizieren.

Erst vor ein paar Wochen hat Gizmo nachts den neuen Teppich vollge-
kackt. Sein hündischer Anstand hat zwar zumindest dafür gesorgt, dass er das
mehr oder weniger kleine Malheur nicht im Wohnzimmer deponierte. Trotzdem war ich überrascht, als ich am nächsten Morgen im Ankleidezimmer über
sein rehbraunes, duftendes Präsent stolperte (ich war barfuß, den Rest erspare
ich Ihnen lieber). Seltsam, dachte ich, wir waren doch zu später Stunde extra

noch einmal draußen. Ich dachte kurz auch noch daran, dass wir vor dem Schlafengehen einen kleinen Disput ausgefochten hatten, in dem es darum ging, wem von uns beiden mehr von der Bettdecke zustand. Mensch oder Hund? Am Ende habe ich »gewonnen« und Gizmo kurzerhand aus dem Schlafzimmer verbannt.

Gar nicht so wenige Hundebesitzer werden jetzt wahrscheinlich sagen: »Tja, da wollte sich der alter Stinker wohl bei ihm rächen.« Genauso denken wir Menschen nämlich. Aber Hunde denken nicht so. Gizmo hat sicher nicht auf den Teppich gemacht, weil ich ihn vorher aus dem Schlafzimmer ausgesperrt habe und er mir eins auswischen wollte. Vielmehr lag der Fehler bei mir, denn ich hatte sein unruhiges Verhalten fehlinterpretiert. Der Gute hatte sich den Magen verdorben und wollte einfach dringend noch einmal runter. Und was habe ich getan? Geschlafen!

Als Khaleesi jung war und noch nicht so gut allein bleiben konnte wie heute, hat sie einmal das Bein eines antiken Mahagoni-Erbstücks zernagt. Wie ein Bieber. Sie tat das aber nicht aus Langeweile, wie es dieselben Menschen wohl vermuten würden, die Gizmo neulich nachts gewisse Rachegelüste unterstellten. Khaleesi kaute auf dem guten Stück herum, weil das in diesem Moment eine der wenigen Möglichkeiten war, den Stress zu bewältigen, den das Alleinsein bei ihr auslöste. Wenn Hunde Stress haben, gibt es für sie nämlich nur drei Wege, diesen schnell wieder loszuwerden: rennen, bellen und kauen. Aus diesem Grund bekommen junge Hunde abends vor dem Schlafen auch oft mal ihre fünf verrückten »Duracell-Minuten«. Wie von der Tarantel gestochen rasen und hüpfen sie dann durch die Wohnung, um überschüssige Energie rauszulassen. Es ist ja auch wirklich eine überwältigende Menge an Eindrücken, die sich im Lauf des Tages bei ihnen anstauen. Wie bei einem prall gefüllten Ballon, der sonst zu zerplatzen droht, muss daher einfach etwas Luft abgelassen werden. Am besten gibt man Welpen und Junghunden in so einer Situation schnell etwas zu kauen. Das beruhigt sie, baut Stress ab und hilft ihnen herunterzufahren. Ich sag nur: Schnullereffekt.

Jeder Hund ist einzigartig und jeder einzelne hat ganz spezielle Bedürfnisse. Bedürfnisse, die über zweimal Fressen und dreimal Gassigehen, ein kuscheliges Körbchen und ein paar Minuten Schmusen am Tag weit hinausgehen. Seinen Hund zu lieben heißt in erster Linie, genau diese Bedürfnisse zu erkennen – und darauf zu reagieren.

> »HUNDE DENKEN NICHT WIE MENSCHEN, SIE SIND NICHT HINTERHÄLTIG UND WOLLEN UNS AUCH NICHT BESTRAFEN.«

Ich habe Hunde getroffen, die unter gähnender Langeweile leiden, geistig absolut unterfordert sind und deshalb rund um die Uhr auf dumme Gedanken kommen. Genauso kenne ich Hunde, die ständig gestresst und überfordert sind, weil sie sich dem Tempo ihres Menschen bedingungslos anpassen müssen und kaum noch Schritt halten können. Wieder andere werden fast zu Tode geliebt und fühlen sich durch ihren Menschen derart erdrückt und eingeengt dass sie daran zerbrechen. Was ich damit sagen will: Hunde machen nichts absichtlich und haben keine bösen Hintergedanken. Sie sind nicht hinterhältig oder selbstsüchtig. Hunde sind reine Wesen mit einem großen, offenen Herzen. Sie machen nichts falsch. Sie reagieren nur auf Situationen, in die wir Menschen sie bringen. Leider oft aus falsch verstandener Liebe.

LIEBEN HEISST AUCH LOSLASSEN KÖNNEN

In einem Mensch-Hund-Team mit einer starken und engen Bindung vertrauen sich Zwei- und Vierbeiner blind. Liebe ist dann nicht nur ein geflügeltes Wort. Man kann das Band der Vertrautheit zwischen den beiden tatsächlich sehen. Wie beide aufeinander achten. Da ist auf der einen Seite der Hund, der ganz oft den Blick seines Partners sucht, sich rückversichert oder Bestätigung holt. Und auf der andern Seite ist da ein Mensch, der ruhig und ausgeglichen mit seinem Begleiter kommuniziert – freundlich, entspannt und souverän. Ganz oft leise oder sogar ganz ohne Worte.

Bindung ist wie ein Gummiband flexibel und dehnbar. Aber Vorsicht! So wunderbar das Ganze klingt: Bindung bedeutet nicht Abhängigkeit. Eine aus Liebe falsch verstandene »Bindung« kann Hunden ganz schnell ein Gefühl des Auf-den-andern-angewiesen-Seins und der Unsicherheit geben. Es gibt Hunde, die durften noch nie in ihrem Leben von der Leine. Nicht etwa weil sie einen starken Jagdtrieb haben und deshalb zu ihrer eigenen Sicherheit draußen immer angeleint bleiben müssen. Nein, ihre Menschen haben so viel Angst, dass sie weglaufen könnten, dass sie es einfach nicht übers Herz bringen, den Karabiner am Halsband oder am Geschirr zu öffnen.

Harry oder: Zu viel Liebe kann auch entmündigen

Wie zu viel menschliche Liebe einen Hund entmündigen und verunsichern kann, hat mir Harry gezeigt, ein sieben Jahre alter Mischling in der Nähe von Köln, den ich durch meine Sendung »Letzte Chance für vier Pfoten« kennenlernte. Seine verzweifelten Besitzer wussten damals einfach nicht mehr weiter. Dabei war Harrys Familie auf den ersten Blick total unauffällig, sehr bodenständig und sympathisch. Doch Mama Doris, eine warmherzige und unkom-

plizierte Rheinländerin, war mit den Nerven völlig am Ende. Dabei wollte sie beruflich noch mal durchstarten, nachdem sie sich jahrelang um ihren mittlerweile volljährigen Sohn, ihren Mann und »Nesthäkchen« Harry gekümmert hatte. Gabis Leidenschaft sind Möbel und nun bestand die Möglichkeit, ein paar Stunden die Woche in einem schicken Einrichtungshaus auszuhelfen. Es gab nur ein Problem: Harry konnte nicht alleine bleiben. Und ihn zur Arbeit mitnehmen durfte Doris nicht.

Was harmlos und niedlich klingt, war für die Familie der blanke Horror. Harry, ein ausgewachsener Rüde, ließ es nämlich erst gar nicht so weit kommen und stellte jeden, der das Haus ohne ihn verlassen wollte. Er positionierte sich vor der Tür, bellte, knurrte und fletschte die Zähne. Seine eindeutige Message: Keiner verlässt das Gebäude! Die Familie wusste sich nicht mehr zu helfen. Dabei stand Harrys Einzug vor nunmehr sieben Jahren doch unter einem guten Stern. Doris' Mann Rolf rettete ihn von einem Bauernhof. Das kleine cappuccinofarbene Häufchen Elend saß fiepend und hungrig in einem alten Pappkarton, zwischen seinen Geschwistern und zusammengeknüllten Zeitungen. Harrys Mutter war eine waschechte Dobermanndame, sein Vater vermutlich der Belgische Schäferhund vom Bauern ein paar Felder weiter. Eine klassische Nachbarschaftsromanze, wie sie auf dem Land so üblich ist. Aber der Bauer wollte die ungebetenen »Gäste« so schnell wie möglich loswerden. Und so zog der kleine Harry bei seiner neuen Familie ein.

Vom ersten Moment an war der schusselige Welpe der kleine Prinz. Keiner konnte seinen dunklen Knopfaugen widerstehen. Sein größter Joker aber waren seine riesigen, fast schwarzen Schlappohren, für sein kleines Köpfchen noch mindestens drei Nummern zu groß.

Für Doris war der verspielte und anhängliche junge Rüde wie ein zweiter Sohn. Tim, damals gerade elf Jahre alt, wusste mit ihm zwar noch nicht viel anzufangen, dafür konnte Papa Rolf seine Freude über den Familienzuwachs auf vier Pfoten kaum verbergen. Mit Harry konnte er im Garten raufen und er genoss die langen Spaziergänge mit ihm. Harry war der King und sein Leben, gut behütet, versorgt und bespaßt, wurde von Doris lückenlos überwacht. So wurde Harry zu Doris' Schatten, auf Schritt und Tritt tapste er ihr hinterher. »Der Harry hat keine Minute ohne mich ausgehalten«, erklärte sie mir bei unserem ersten Treffen – und ich konnte noch immer ein Fünkchen Stolz darüber in ihrem Blick erahnen.

Also wartete Doris tagsüber mit den Erledigungen, bis Tim von der Schule zurück war. Mit dem hatte Harry immer einen Babysitter. Und als der Junge älter wurde, eine Freundin hatte und auszog, übernahm Oma Else den Job. Als sie unerwartet schwer krank wurde, fand Doris zum Glück rasch eine polnische Fachkraft für ihre Rundumbetreuung. Aber wer sollte sich jetzt um Harry kümmern? Eine Katastrophe bahnte sich an.

Schon bevor Doris und ihr Mann das Haus verlassen wollten, roch Harry den Braten. Winselnd und gestresst lief er im Haus auf und ab und klebte förmlich an seinem Frauchen. All ihre Beruhigungsversuche und der im Wohnzimmer deponierte Knochen zielten ins Leere. Als die beiden vom Einkaufen zurückkamen, hatte Harry ihr schönes Haus komplett auf den Kopf gestellt. Nichts war mehr an seinem Platz.

Das Paar startete noch mehrere Versuche, aber die Sache wurde nicht besser. Harry steigerte sich sogar immer mehr hinein. Es brauchte nur dreißig Minuten, und das Haus war völlig verwüstet. Die Kissen zerfetzt. Die Jalousien heruntergerissen. Dauergebelle. Allein zu sein stresste Harry so sehr, dass er so lang am Fenster nach seinen Besitzern Ausschau hielt und dabei so herzzerreißend jaulte und bellte, bis besorgte Nachbarn die Polizei riefen.

Als Doris eines Tages dringend für einen Krankenbesuch zu ihrer Mutter musste, eskalierte die Situation schließlich: Als sie die Haustüre öffnen wollte, begann Harry bedrohlich tief zu knurren, sprang dann blitzschnell nach vorn und stellte die total verängstigte Doris mit aller Schärfe an der Tür. Er hatte die Faxen dicke. »Keiner verlässt dieses Haus!« Das war eine unmissverständliche Ansage. Doris fühlte das erste Mal ein Gefühl der Panik und Hilflosigkeit in sich aufsteigen. »Jetzt weißt du, wie sich Harry die ganze Zeit gefühlt hat«, dachte ich bei mir, als sie mir davon erzählte.

Ich fragte Doris, warum sie denn nicht von Anfang an mit Harry geübt hätten, allein zu bleiben. Resigniert antwortete sie: »Ich dachte, das schafft er nicht.« Die Wahrheit war: Doris schaffte es nicht, Harry allein zu lassen. Und die Folge davon war, dass Harry nun unter massiven Trennungsängsten litt. »Harry und Ängste?«, staunte Doris. »Harry ist doch immer so anhänglich, wie kann das denn sein?«

»ALLEINE ZU HAUSE BLEIBEN, MUSS EIN HUND GENAUSO LERNEN WIE ›SITZ!‹, ›PLATZ!‹ ODER ›BLEIB!‹«.

Nun ja, in Wirklichkeit war die Bindung zwischen Harry und seiner Familie relativ schwach. Der Hund hatte keine Angst davor, allein zu bleiben. Ihm fehlte einfach das Vertrauen, dass seine Menschen wieder zurückkehren würden. Er wusste in so einer Situation weder etwas mit sich anzufangen noch hatte er nur den blassesten Schimmer, was Doris und Rolf von ihm erwarteten.

Stress mindert bei Hunden ganz erheblich die Impulskontrolle. Nicht zu wissen, wie er sich in dieser Situation verhalten sollte, musste sich für den siebenjährigen Rüden wie eine Panikattacke angefühlt haben. In so einem Moment übernimmt bei Hunden der Instinkt. Und der ist wie ein Computerprogramm, das sich nicht stoppen lässt. Harrys »innere Werte«, in der Fachsprache »rassespezifisches Verhalten« genannt, sind durch seine Gene wie in Stein gemeißelt. Dobermann und Schäferhund – beide wurden Jahrzehnte lang von uns Menschen auf spezielle Eigenschaften hin selektiert: beschützen und bewachen, impulsiv und ohne lange nachzudenken. Und genau diesen »Job« erledigte der verunsicherte 30-Kilo-Rüde in diesem Moment perfekt. Harry machte nichts falsch, er reagierte nur auf die Situation – getreu seiner Erbanlagen und zuverlässig wie ein Schweizer Uhrwerk.

Mittlerweile hat Harry gelernt, darauf zu vertrauen, dass seine Familie jedes Mal wieder zurückkommt, wenn sie weggeht – und dass sie dabei ebenfalls zuverlässig ist wie ein Schweizer Uhrwerk. Ein speziell auf seine Bedürfnisse abgestimmtes Training konnte die Bindung zwischen Hund und Menschen wiederherstellen. Überhaupt ist Harry heute viel entspannter. Kein Wunder, er hat endlich verstanden, was seine Menschen von ihm erwarten – und bleibt deswegen schon über drei Stunden ruhig allein zu Hause. So kann Doris endlich ihrem Traumjob nachgehen.

LIEBE ALLEINE BINDET NICHT

Unsere Vierbeiner haben nicht nur ihr ganzes Leben lang das Bedürfnis nach Liebe und Zuneigung. Sie müssen auch ihr ganzes Leben lang spüren, dass sie uns vertrauen und sich auf uns verlassen können. Dass wir sie als wichtige Sozialpartner betrachten und deshalb fördern. Liebe und Vertrauen sind eine wichtige Säule. Ohne sie kann keine Bindung entstehen, und um eine geschwächte Bindung wieder verstärken zu können, braucht es sie ebenfalls zwingend. Wir können und müssen dieses Gefühl immer wieder bestärken, indem wir gemeinsam mit ihnen Neues lernen und entdecken, während wir gleichzeitig nicht versäumen, Altes zu vertiefen. Dadurch kann der Hund uns vertrauen und sicher sein, dass wir ihm immer das anbieten, was er in seiner jeweiligen Lebenssituation gerade braucht. Auch das verbindet.

Es ist leichter, als Sie denken, Hunden dieses Gefühl zu vermitteln. Unsere Fellnasen sprechen zwar nicht unsere Sprache und selbst noch so aufrichtige Liebesworte klingen in ihren hochsensiblen Ohren wie Mandarin-Chinesisch. Aber Sie verstehen, was wir tun. Zeigen Sie Ihrem Hund also einfach, dass Sie ihn als Individuum und nicht als »Sache« wahrnehmen. Erkennen und akzeptieren Sie seine Unsicherheiten – und zwar mit Geduld und Verständnis. Erzwingen Sie nichts mit Gewalt. Und wenn Ihr Hund einmal über die Stränge schlägt, reagieren Sie auf seine Signale niemals laut und unbeherrscht, sondern immer selbstsicher, cool und angemessen. Seien Sie feinfühlig für seine Bedürfnisse nach Ruhe oder geistiger Förderung und unterstützen Sie ihn dabei. Tun Sie all das aus Liebe und ich verspreche Ihnen, es wird Ihre Bindung stärken.

»HUNDE BRAUCHEN LIEBE. LIEBE, DIE SIE UNTERSTÜTZT, FÖRDERT UND DURCH IHR GANZES LEBEN TRÄGT.«

Liebe und Vertrauen sind wie das leise, ständige Aufschlagen der Meereswellen am Strand. Ein Rauschen, das beruhigt und das, auch wenn wir es irgendwann gar nicht mehr bewusst wahrnehmen, eine positive Wirkung auf uns hat. Wie wir selbst sehnen sich unsere Hunde nach Zuneigung, Wärme und Verständnis, aber auch nach Schutz. Im Grunde beinhaltet Liebe also etwas von all den fünf Säulen, die die Bindung letzendlich tragen. Und genau deshalb steht sie bei mir an erster Stelle.

2. SÄULE: SCHUTZ UND SICHERHEIT

*HUNDE BRAUCHEN MEHR ALS NUR LIEBE.
SIE BRAUCHEN AUCH SCHUTZ UND DIE GEWISSHEIT,
DASS WIR MENSCHEN IHR SICHERER HAFEN SIND –
IN JEDER LEBENSLAGE, EGAL WAS KOMMT.*

NUR GEMEINSAM SIND WIR STARK

Bindung ist gute Energie, eine mächtige und positive Kraft, die aus Mensch und Hund ein enges Team macht. Und Teampartner müssen sich aufeinander verlassen können. Klingt logisch, oder? Und wird im Alltag dann leider doch oft vergessen.

Ein Hund fühlt sich erst dann wohl mit uns, wenn er sicher sein kann, dass er sich in jeder Situation auf uns verlassen kann. Dann lebt er entspannt und glücklich. So wie Harry gelernt hat, sich darauf zu verlassen, dass seine Menschen wieder zurückkommen, wenn sie ihn alleine lassen, können wir durch unser Verhalten Hunden auch in anderen Lebenssituationen Schutz und Sicherheit geben – ab dem Moment, in dem er bei uns einzieht, bis zu jenem (hoffentlich sehr fernen) Tag, an dem wir uns von ihm verabschieden müssen.

Die Grundlage, unseren Fellnasen zuverlässige Bindungspartner zu sein, die ihnen genügend Schutz und vor allem die Gewissheit bieten, dass sie ihnen in jeder Lebenslage ein sicherer Hafen sind, schaffen wir im Idealfall schon, bevor sie überhaupt bei uns einziehen: Jeder Hund sollte sich sicher sein dürfen, dass seine Anschaffung gut überlegt ist. Mit das Schlimmste, was einem Hund passieren kann, ist nämlich, dass er aufgrund seiner rassespezifischen Eigenschaften in einem dauerhaften Zustand der Unter- oder Überforderung mit uns zusammenlebt. Für Hunde ist das meganervig, um es mal salopp auszudrücken. Es verursacht reichlich Stress – und der macht sie auf Dauer nicht nur unglücklich, sondern sogar krank. Genauso wie uns Menschen. Noch bevor man sich also für einen Hund entscheidet, sollte man ehrliche Innenschau halten: Wie viel Zeit, Geld und vor allem Energie kann ich realistischerweise in das neue Familienmitglied investieren? Welche Rasse passt zu mir und welche spezifischen Bedürfnisse haben diese Hunde?

Leider suchen sich viele Menschen ihren Hund noch immer nach der Optik aus. Pech, wenn sich der kleine, süße Wuschel aus den fernen Karpaten als ein wachsamer, sehr selbstständiger rumänischer Bello mit waschechten Herdenschutzhund-Anteilen entpuppt, der jede Entscheidung seines Herrchens erst mal gründlich infrage stellt. Für eine gute Beziehung ist es wichtig, sich vorher gründlich zu informieren, was man sich da überhaupt ins Haus holt. Oder würden Sie sich einen Ferrari anschaffen, wenn Sie nur einen Mopedführerschein besitzen?

Damit sich ein Hund bei uns sicher fühlen kann, muss er spüren, dass wir ihn optimal versorgen können. Dafür genügt es nicht, nur seine Grundbedürfnisse zu stillen. Ausreichend Futter, ein Rückzugsort, an dem er ungestört entspannen kann, oder tägliche Gassirunden sind ohnehin Grundvoraussetzung.

NICHT NUR VERSORGER, SONDERN VORBILD SEIN

Ist es endlich so weit und der Hund zieht bei uns ein, sind Freude und Aufregung verständlicherweise groß. Auf beiden Seiten. Doch während unsere Fellnase für uns »nur« ein überschaubarer Teil unseres Lebens ist, sind wir für sie alles. Das ganze Leben! Ich finde, das ist eine immense Verantwortung und eine Verpflichtung, die wir uns immer wieder bewusst machen sollten. Fast immer ist die Vorfreude groß. Wenn der Hund aber erst mal im Haus ist, wird zwar eine Welpenspielstunde besucht und im besten Fall noch ein Grundkurs gemacht, aber das war es dann. Der Hund soll sich schließlich uns anpassen, nicht umgekehrt. Seine Bedürfnisse werden ignoriert.

Viele Hunde fristen ein langweiliges Familienleben, ohne gefordert oder gefördert zu werden. Stellen Sie sich ein kleines Mädchen mit musikalischem Talent vor, das gerne Klavier lernen würde. Doch das Einzige, was es spielen darf, ist die Videospielkonsole. Ihr Talent verkümmert und womöglich verursacht die Unterforderung Verhaltensauffälligkeiten.

Mein Vater, ein Lehrer, versuchte immer, talentierte Schüler zu motivieren, eine weiterführende Schule zu besuchen. Er glaubte an sie. Noch Jahre später bedankten sie sich bei ihm. Wie schön ist der Gedanke, dass wir unserem Hund Eltern und Lehrer zugleich sein können. Sie liebevoll zu motivieren und angeborene Talente zu entdecken und zu fördern. Wenn Hund darauf vertrauen kann, wird er sich viel schneller an uns binden.

JEDER BRAUCHT SEINEN PLATZ IN DER FAMILIE

»Wo gehöre ich hin?« Diese Frage wird sich Ihr Hund in den ersten Tagen häufig stellen. Von einem Moment auf den anderen sind wir seine neue Familie. Und das überfordert oft nicht nur ihn, sondern auch uns. Die einen bemühen sich, ihre Unsicherheit mit Liebe und Zuneigung zu überspielen. Die anderen versuchen es mit Strenge. »Du musst gleich von Anfang an klarmachen, wer bei euch der Anführer ist, damit es keine Missverständnisse gibt.« Solche Sätze hört man von »Hundetrainern« und selbst ernannten Fachleuten leider immer noch viel zu oft. Sie klingen nach Zucht, Ordnung, Disziplin und gnadenloser Unterwerfung statt nach vertrauensvoller Partnerschaft. Dabei sollte sich doch jeder Hund sicher sein, dass er in seiner Familie seinen Platz findet.

Noch vor gut 20 Jahren galt Hundeverhaltensforschung als exotisches Nischenfach und damit als überflüssig (siehe auch Seite 26). Irgendwie finde ich es erschreckend, dass Relikte aus diesen dunklen Tagen unseres Zusammenlebens wie der Mythos vom Alphawurf oder die Mär von der Dominanz

Hunde lieben Action und Abenteuer. Nur zu Hause herumsitzen und gestreichelt werden langt ihnen auf Dauer nicht.

bis in die heutige Zeit überdauert haben. Dabei brauchen unsere Hunde gar keine »Rudelführer« und keine strengen Alphatiere. Was sie brauchen, sind Leitfiguren. Vorbilder, die sie fördern, anleiten und mit ihnen interagieren. Mal ehrlich, an wen in der Familie würden Sie sich vertrauensvoll wenden, an wem würden Sie sich orientieren, wessen Meinung würden Sie schätzen? An den, der am lautesten schreit, Druck ausübt und Ihnen Angst macht? Oder an den, der ruhig und besonnen Entscheidungen trifft und dabei auch noch Rücksicht auf Ihre Persönlichkeit nimmt? Ich denke, die Antwort erübrigt sich. Aber einen Wunsch hätte ich schon: Seien Sie für Ihren Hund wie ein weiser, gütiger Herrscher. Eine Leitfigur, an die er sich gerne und aus tiefstem Herzen bindet – für sein ganzes, hoffentlich langes Leben.

> *»EIN GUTER ANFÜHRER ÜBERLEGT, FASST ENTSCHLÜSSE, SETZT DIESE LIEBEVOLL, ABER KONSEQUENT DURCH UND GIBT DADURCH SICHERHEIT.«*

GUTE SOZIALISIERUNG STÄRKT DIE BINDUNG

Mit etwa 16 Wochen ist die Welpenzeit vorbei, der Vierbeiner ist jetzt reif für die »Grundschule«. Ich persönlich finde es ja gar nicht mal so wichtig, dass ein Hund bestimmte Kommandos wie auf Knopfdruck beherrscht. Meinen Hunden geht es da scheinbar nicht viel anders: Gizmo etwa ist bereits nach zwei Stunden in der Hundeschule »ausgestiegen«. Ein »Platz!« auf der nassen Hundewiese war eindeutig zu viel für seine Nerven.

Wir trafen damals einmal in der Woche im Rahmen einer mobilen Hundeschule andere »ABC-Schützen« und übten auf einer großen Wiese in einem öffentlichen Park. Es herrschte Drill und Ordnung. Die Trainerin hatte nach eigener Aussage immer Schäferhunde abgerichtet – den Rest können Sie sich denken. An besagtem Tag regnete es in Strömen. Doch das hielt die anderen Kursteilnehmer – junge Retriever, Border Collies und Dobermänner – nicht davon ab, brav und stoisch die Kommandos ihrer Frauchen und Herrchen zu befolgen. »Was für Streber«, dachte ich. Gizmo dagegen machte keinerlei Anstalten, sich flach auf den aufgeweichten, kalten Boden zu legen. Selbst meine Bestechungsversuche mit Käsestückchen blieben erfolglos, obwohl er diese wirklich liebt. Es wollte einfach nicht klappen und ich spürte förmlich die mitleidigen Blicke der anderen in meinem Rücken. »Den kannst du in der Pfeife rauchen!«, rief mir die Trainerin abschätzig zu.

Ich werde nie den Moment vergessen, als mein Mops plötzlich die Gruppe verließ. Völlig entspannt trottete er in seinem charakteristischen Schlurfschritt zum Rucksack der Trainerin, der etwas abseits an einem Baum lehnte.

Gizmo war klatschnass. Alle Blicke folgten ihm. Er hielt kurz inne, wandte sich um und blickte mir intensiv in die Augen. Dann entleerte er seelenruhig seine Blase. Auf dem Rucksack. Die Ohrfeige hatte gesessen, diese Nachricht war bei mir angekommen. Hundeschule war ab sofort gestrichen.

Ich selbst hatte damals noch wenig Ahnung von entspanntem Training und was für einen tollen, bindungsstärkenden Effekt es ganz nebenbei für Mensch und Hund haben kann. Wenn der Rahmen und das Umfeld stimmen. Einen Hund sinnlos in eine Übung hineinzuzwingen ist nicht richtig. Zwei- und Vierbeiner müssen schon auf einer Wellenlänge sein. Wenn ein Hund ein Kommando oder einen Befehl hinterfragt, hat das einen Grund. Das können Sie mir glauben. Hunde hören nämlich immer erst auf ihr Bauchgefühl, auf ihre Intuition – und das sollte uns in so einem Moment auch zum Nachdenken bringen. Wenn es, wie bei Gizmo, für den Hund sehr unangenehm ist, sich im strömenden Regen bei eisigen acht Grad auf eine verschlammte Wiese zu legen, müssen wir das akzeptieren. Wir kämen ja selbst auch nicht darauf, uns mit dem nackten Hinterteil auf den nasskalten Boden zu hocken, oder?

SICHERHEIT HOCH FÜNF

Jeder Hund sollte sich sicher sein, dass …
- seine Anschaffung gut überlegt ist.
- wir ihn optimal versorgen können.
- er in unserer Familie seinen Platz findet.
- wir als sein Bindungspartner ihm eine gute Sozialisierung ermöglichen.
- wir ihn sein Leben lang artgerecht beschäftigen werden – durch Spielen, Bewegung und Lernen.

Auch wenn besagte Hundeschule ein Reinfall war: Es ist wichtig, dass Sie mit Ihrer Fellnase nicht nur alleine zu Hause und in einer reizarmen Umgebung üben. Gleichzeitig mit anderen zu trainieren ist schließlich etwas völlig anderes. Unter Ablenkung müssen Hund und Mensch viel intensiver aufeinander achten. Und genau in diesen konzentrierten Momenten entsteht Bindung. Abgesehen davon ist es super für die Sozialisierung, auf andere Hunde zu treffen. Und gut sozialisierte Hunde sind im Umgang mit Menschen, Artgenossen oder Katzen selbstsicherer. Das ergaben Forschungen des amerikanischen Kinderpsychologen und Verhaltensforschers John Bradshaw.

STRUKTUR UND RITUALE BINDEN

Eine geregelte Alltagsstruktur und feste Rituale verstärken das Fundament der Bindung, weil man durch sie Zuverlässigkeit aufbaut. Hunde brauchen diese Struktur und das Gefühl, sich fallen lassen zu können. Bei uns zu Hause ist das Füttern so ein Ritual geworden.

Khaleesi und Gizmo haben, was das Einnehmen ihrer Mahlzeiten angeht, ganz offensichtlich eine Uhr verschluckt – und das habe ich mir einfach zunutze gemacht. Pünktlich um halb sieben abends beginnen die beiden mit dem

»Besteck zu klappern«. Sie werden unruhig und versuchen, mein Interesse zu wecken, indem sie irgendeinen Blödsinn anstellen. Sie hüpfen sinnlos herum oder balgen sich spielerisch. Dabei haben sie immer ein Auge auf mich, um zu prüfen, ob sie auch ja meine volle Aufmerksamkeit haben. Diesen Moment, kurz bevor das Abendessen »serviert« wird, kann ich super nutzen, um mit ihnen spontan Achtsamkeit, Geduld oder kleine Tricks einzuüben. Die Aussicht auf ihr Futter spornt die beiden scheinbar zu Höchstleistungen an. Sie ahnen es vermutlich: Auch so etwas schafft Bindung.

Generell sollte jeder Hund sicher sein, dass wir ihn sein Leben lang artgerecht durch Spielen, Bewegung und Lernen beschäftigen. Wobei es nicht auf die Quantität, sondern auf die Qualität ankommt. Wie bei uns Menschen auch ist derjenige Teil des Hundegehirns, der fürs Lernen zuständig ist, nämlich nur dann offen für Neues, wenn sich unsere Fellnase sicher und geborgen fühlt.

Pünktlich wie die Feuerwehr: Wenn's ums Essen geht, lassen Gizmo und Khaleesi alles andere stehen und liegen.

BEGEGNUNGEN DER ANDEREN ART

Unter ihresgleichen kommen die meisten Hunde gut miteinander klar. Aber wenn sie mit uns unterwegs sind, herrschen oft andere Spielregeln. Umso wichtiger ist, dass wir ihnen die Sicherheit geben, die sie brauchen, um sich wohlzufühlen.

Wer heute mit seiner Fellnase in die Hundeschule kommt, weil es irgend-ein Problem gibt, trifft dort zum Glück immer häufiger auf verantwor-tungsvolle Hundetrainer, die nicht nur schauen, dass alles schnellstmöglich wieder in geregelten Bahnen läuft, sondern die vor allem herausfinden wol-len, was der eigentliche Grund für die Schwierigkeiten ist.

Ein oberflächlicher Blick reicht dazu nicht aus. Man muss sich schon Zeit für Mensch und Hund nehmen, muss gut nachfragen und vor allem gut zu-hören können. Es hat ein bisschen was von Detektivarbeit. Aber genau das ist das Spannende – und auch der Grund, weswegen ich selbst Hundetrainer geworden bin: um verhaltenstherapeutisch arbeiten zu können. Das Thema Bindung fasziniert mich in diesem Zusammenhang ganz besonders und eine gute Bindung zeigt sich in meinen Augen vor allem dann, wenn der Mensch versucht, seinen Hund vor Überforderung zu schützen.

Hunde nehmen unsere Welt aufgrund ihrer geschärften Sinne (siehe Seite 35) viel intensiver wahr als wir und diese Eindrücke wollen erst einmal verar-beitet werden. Das dauert verständlicherweise seine Zeit. Doch was machen wir? Wir setzen unsere Hunde noch mehr unter Druck. So wie Eltern von ihren Kindern immer mehr erwarten – sie sollen schon im Grundschulalter zwei

Fremdsprachen pauken, in der Freizeit Sport auf Wettkampfniveau treiben und zusätzlich noch ein Musikinstrument lernen – so überfordern Hundehalter auch gerne ihre Vierbeiner. Ich hatte erst vor Kurzem einen zehn Wochen alten Welpen bei mir in der Welpenspielstunde, der so aufgedreht war, dass an ein entspanntes, positives Spielen mit Gleichaltrigen nicht zu denken war. Nebenbei erzählte mir die frischgebackene »Hundemama«, dass zu Hause nicht nur täglich alle Grundkommandos geübt würden, sondern auch das An-der-Leine-Laufen. Ach ja, Clickertraining gebe es natürlich auch. Äh, noch Fragen? Kein Wunder, dass der Welpe total überdreht war. Er hatte ja nie Zeit, sich einfach mal nur auszuruhen. Nichts zu tun. Zu schlafen. Eine ausgeglichene Life-Work-Balance sieht anders aus. Mal ganz davon abgesehen, dass es gar keine Möglichkeit gibt, dass sich das Gelernte setzen kann.

Ich erinnerte mich an die ersten Monate mit Khaleesi: Man meint es gut, und weil es dem Welpen ja scheinbar Spaß macht, überfordert man ihn schnell. Hunde können uns nicht sagen, ob und wann ihnen etwas zu viel ist. Wir sind in der Pflicht verantwortungsvoll zu handeln. Im Zweifel lieber weniger, die Dosis macht das Gift.

INDIVIDUELLE FÖRDERUNG

Beobachten Sie Ihren Hund aber genau: Ist er schnell überdreht und kann sich nur langsam wieder beruhigen, sind Aktivitäten, die ihn noch zusätzlich hoch pushen, wie Agility oder Zerrspiele, eher kontraproduktiv. Ist er dagegen eher ruhig und ausgeglichen und nicht so leicht aus der Reserve zu locken, bieten ihm Beschäftigungen mit einem höheren Bewegungslevel neue positive Erfahrungen, an denen er gemeinsam mit Ihnen wachsen kann.

RICHTIG FORDERN FÖRDERT DIE ZUFRIEDENHEIT

Das heißt natürlich nicht, dass man seinem Hund gar nichts zutrauen darf. Im Gegenteil! Genauso wichtig, wie ihn nicht zu überfordern, ist es, ihn vor dem anderen Extrem, der Unterforderung, zu schützen.

Hunde erwarten von uns als ihrem Bindungspartner, dass wir sie sinnvoll und rassespezifisch auslasten. Bloß weil Herrchen gerne Marathon läuft, heißt das aber noch lange nicht, dass sein Jack Russel das auch gerne tut. Da helfen auch keine »Motivationssprüche« wie: Viel hilft viel. Denn Hunde können genauso wie Sportler süchtig nach Bewegung werden. Rassen wie der Jack Russel Terrier sind oft impulsiv, schlau und haben eine kurze »Zündschnur«. Selbstständig arbeitende Jagdhunde. Mit Grips. Stoisch neben einem Menschen, Fahrrad oder einem Pferd herzutraben langweilt solche Hunde unter Umständen zu Tode. Um einen aktiven und erwachsenen Terrier sinnvoll auszulasten und zu beschäftigen, wäre Nasenarbeit oder das konzentrierte Einstudieren verschiedener Tricks weitaus sinnvoller (mehr dazu ab Seite 153).

Unter- und Überforderung machen selten zufrieden – weder den Hund noch seinen Menschen. Was aber noch viel schlimmer ist: Sie verursachen beim Hund Stress – und der mindert die Impulskontrolle.

Impulskontrolle ist, wie der Name schon sagt, die Kontrolle über impulsives Verhalten. Man könnte daher auch einfach Selbstkontrolle sagen. Grundsätzlich ist die Fähigkeit, sich zu beherrschen, jedem Hund in die Wiege gelegt. Sie ist jedoch von unterschiedlichen Faktoren abhängig, wie Alter, Rasse oder Körpergröße. Eine besondere Rolle spielt auch der Faktor Stress. Das ist bei uns Menschen übrigens genauso: Unter Druck fällt es uns viel schwerer, höflich oder angemessen zu reagieren, als in entspannter Atmosphäre. Gutes Beispiel: die abendliche Rushhour. Wenn die Zeit drängt, der Verkehr aber stockt, mutieren ansonsten harmlose Teamassistenten, brave Hausfrauen und stille Akademiker plötzlich zu aggressiven Wildlingen. Es wird gepöbelt, beleidigt und mit dem Mittelfinger gestikuliert, was das Zeug hält.

Aber warum mindert Stress die Fähigkeit, das Verhalten zu kontrollieren? Die Ursachen dafür liegen im präfrontalen Kortex, jenem komplexen Teil des Gehirns, der Emotionen steuert und Impulskontrolle überhaupt erst möglich macht. Muss unser Vierbeiner mit vielen kleinen oder einer dauerhaft anhaltenden stressigen Situation klarkommen, schüttet seine Nebennierenrinde das Anti-Stress-Hormon Cortisol aus. Und genau da beginnt das Problem. Was dem Hund eigentlich helfen soll, macht ihn gleichzeitig für uns unberechenbarer. Denn Cortisol wirkt direkt auf den präfrontalen Cortex und verringert massiv dessen Leistung. Die Folge: Seine emotionale Reaktion, also uns zu vertrauen, und auch die Fähigkeit, sich zu binden, werden immer mehr eingeschränkt. Stattdessen nimmt impulsives Verhalten wie Aggression an der Leine oder plötzliche Angst und Unsicherheit zu. Genau wie Menschen können Fellnasen dauerhaften Stress nicht einfach wegstecken. Deshalb müssen sie sich darauf verlassen können, dass wir sie davor schützen.

MEIN HUND, DER PAZIFIST

Hunde wollen aber nicht nur im übertragenen Sinne beschützt werden. Sie haben in vielen Situationen auch ein ganz konkretes Bedürfnis nach Schutz. Deshalb ist es genauso unsere Aufgabe, dafür zu sorgen, dass sie sich sicher genug fühlen, um erst gar nicht in für sie unangenehme und stressige Situationen zu geraten. Das setzt voraus, dass wir mitdenken, »Gefahrensituationen« rechtzeitig erkennen und dann entsprechend handeln. Vor allem Begegnungen mit anderen Hunden, ob an der Leine oder nicht, können dabei immer wieder zur Feuerprobe werden.

Hunde sind von Natur aus Pazifisten, sie haben keinen Bock auf Stress. Weder mit Artgenossen noch mit Menschen. Viele knifflige Situationen können sie sehr gut selbst lösen – gewaltfrei, denn unsere Fellnasen sind wahre Meister im Deeskalieren. Als Rudel- und Territoriumstiere verfügen sie quasi von Geburt an über eine sehr feine und vielschichtige Fähigkeiten zur Kommunikation und respektieren in der Regel den Raum der anderen. Individualdistanz lautet die korrekte Bezeichnung für diesen Raum. Wie ein unsichtbarer Lichtkegel schwebt sie über jeder Fellnase.

Wie groß der Sicherheitsradius eines Hundes ist, hängt ganz von seiner Persönlichkeit ab. Die anderen Vierbeiner akzeptieren diesen Radius für gewöhnlich und überschreiten die Grenze nur nach freundlichem »Nachfragen« oder auf eine ausdrückliche Aufforderung hin. Gut, hin und wieder trifft man leider auch auf Hunde, die sich gegenüber ihren Artgenossen weniger oder überhaupt nicht gesellschaftsfähig zeigen. Sie pöbeln, benehmen sich dominant und werden grundlos aggressiv. Meist haben diese Vierbeiner selbst schon negative Erfahrungen gemacht – und schuld daran ist, dreimal dürfen Sie raten, der Mensch mit dem sie durchs Leben gehen.

»EIGENTLICH SIND HUNDE SEHR HÖFLICHE TIERE. DOCH WIE ÜBERALL GIBT ES AUCH SCHWARZE SCHAFE.«

Um die Problematik zu verstehen, lohnt sich wieder einmal der Hund-Kind-Vergleich. Wissenschaftliche Untersuchungen über aggressives und gestörtes Sozialverhalten bei Kindern nennen als Ursache nämlich einige Faktoren, die, wie ich finde, nicht nur bei Kindern, sondern auch bei Vierbeinern zum Tragen kommen können. Auslöser für unerwünschtes Verhalten sind oftmals selbst erfahrene Gewalt, extreme Unsicherheit, geringe soziale Unterstützung, mangelndes Vertrauen und eine nicht vorhandene Bindung zu den Eltern (respektive Frauchen oder Herrchen). Die Rambos, die ab und zu wie aus dem Nichts, mit hochgestellter Bürste und knurrend frontal auch auf Gizmo und Khaleesi zugelaufen kommen, sind also eigentlich zutiefst verunsicherte Kreaturen. Sie sind jedoch trotzdem oder gerade deswegen unberechenbar.

Ich versuche um diese Hunde möglichst frühzeitig einen großen Bogen zu machen und dadurch die angespannte Situation von vornherein zu vermeiden. Lässt sich ein Aufeinandertreffen nicht umgehen, mache ich einen breiten Rücken und stelle mich schützend zwischen den »Rüpel« und meine beiden Fellnasen. Das vertreibt Ersteren und Gizmo und Khaleesi machen die Erfahrung, dass auch ich sehr wohl in der Lage bin, ihnen physischen Schutz und Sicherheit zu geben.

Im Freilauf mit Khaleesi kann ich sehr gut beobachten, wie Hunde sich im natürlichen Umfeld begegnen. Dabei fällt mir vor allem eins immer wieder auf: Sie sind extrem höflich zueinander und senden, bereits wenn sie sich von Weitem annähern, beschwichtigende Signale. Kleine Gesten, nicht selten gerade einmal für eine Millisekunde ausgeführt, übermitteln dem anderen Hund wichtige Informationen über sich, etwa: »Ich bin unsicher.« »Du kannst herkommen.« »Bleib bitte auf Abstand …«

Bei meinem Labradormädchen läuft das Ganze meistens so ab: Kaum nähert sich ein anderer Hund, schlägt Khaleesi ebenso elegant wie selbstverständlich einen sogenannten Beschwichtigungsbogen. Das heißt, sie vermeidet den frontalen Kontakt und nähert sich dem anderen über Umwege schräg von der Seite, statt direkt auf ihn zuzulaufen. Wie es unsereins ja gerne macht,

»MENSCHEN SIND OFT ›BLIND‹ UND TUN SICH SCHWER, DIE FEINEN SIGNALE ZU ERKENNEN.«

wenn er einen alten Bekannten trifft. Khaleesi dagegen lässt ihrem Gegenüber die Möglichkeit, sich ihr behutsam zu nähern. Während dies geschieht, tauschen beide weiter ständig eine Vielzahl von Beschwichtigungssignalen aus. Über 30 Arten dieser Signale haben Verhaltensforscher dechiffriert. Ein paar davon können auch wir »unbegabten« Menschen ganz gut erkennen, wie Sich-Hinsetzen oder Sich-Hinlegen, Ohne-erkennbaren-Grund-auf-dem-Boden-Schnüffeln, Sich-Kratzen, Kopf-Abwenden oder Plötzlich-langsamer-Gehen. Machen Sie sich einmal die Mühe und beobachten Sie Ihren Hund: Wie viele dieser Kommunikationsgesten können Sie erkennen?

Das überaus wichtige kurze Beschnüffeln des Hinterteils beendet diese Zeremonie schließlich: Die apokrinen Drüsen am Hinterteil jedes Hundes sondern spezielle Pheromone (Duftmoleküle) ab. Diese übermitteln noch einmal wichtige soziale Informationen über das Alter, das Geschlecht, den Gesundheitszustand und sogar über die momentane Stimmung des Hundes. Wenn sich beide abgecheckt haben und einvernehmlich grünes Licht geben, steht einem entspannten Miteinander nichts mehr im Weg.

HUNDEBEGEGNUNGEN AN DER LEINE

So einfach und entspannt können Hundebegegnungen ablaufen. Doch wie oft führen Menschen ihre Vierbeiner an der Leine durch die Gegend, vergessen dabei ihre Bedürfnisse und bringen sie dadurch, wenn auch völlig ungewollt, in äußerst unangenehme Situationen. Mir passiert es immer wieder, dass andere Hundebesitzer wie ferngesteuert mit ihrem Liebling an der Leine

Ohne Leine laufen Hundebegegnungen fast immer friedlich ab, denn die Fellnasen haben ein feines Gespür dafür, was der andere akzeptiert – und was nicht.

auf mich und meine Hunde zusteuern. »Komm, wir wollen dem Hundi da mal guten Tag sagen«, murmeln sie dabei oft. Und obwohl wir ausweichen, krampfhaft wegschauen oder versuchen, die Seite zu wechseln, kommen sie näher. Langsam und ferngesteuert. Nichts hält sie auf.

Warum machen Menschen so einen Quatsch? Es ist ein Reflex: Wenn wir uns begrüßen, ist es ein Zeichen des Respekts und der Höflichkeit, von vorne aufeinander zuzugehen, dem Gegenüber dabei fest in die Augen zu blicken und die Hand zu reichen. Unter Hunden jedoch ist genau das der Gipfel der Unhöflichkeit. Anstarren, frontal aufeinander zulaufen? Der Super-Gau! Noch dazu ist es einem Hund an der Leine fast unmöglich, Beschwichtigungssignale zu zeigen oder auszuweichen. Bei diesen erzwungenen Begegnungen passiert es daher oft, dass einer der Hunde kurz die Zähne zeigt oder knurrt. In Hundesprache eine völlig normale Art zu sagen: »Du, ich will das gerade nicht, mir ist das zu viel.« Der Hundebesitzer, der hündischen Sprache leider viel zu oft nicht mächtig, unterbricht daraufhin fast panisch diese völlig normale Aktion, weil er sich für seinen »unhöflichen« Begleiter schämt. Was er nicht weiß: Dadurch bringt er den Hund erst recht in eine emotionale Zwickmühle.

Hunde denken ergebnisorientiert: »Wenn Herrchen mein gut gemeintes Knurren und Zähnezeigen verbietet, muss ich beim nächsten Mal wohl noch eine Schippe drauflegen und schnappen.« Begegnungen an der Leine werden dadurch mit der Zeit so gefährlich wie Russisches Roulette. Glauben Sie mir, ich spreche aus Erfahrung, denn ich habe selbst schon, aus Unwissenheit, in die »Mündung des Revolvers« geblickt.

Gizmo war gerade ein Jahr alt. Ein junger, unkastrierter Mopsrüde, ein Heißsporn auf Entdeckungstour. Sein Ego war mindestens so groß wie sein Vertrauen in mich, seinen »Papa«. Nichts kann mir passieren, dachte er damals wohl. Und genauso liefen wir an einem sonnigen Morgen zusammen durch die Welt. Gizmo mit seinen wunderschönen Teddybäraugen an der Leine und ich blauäugig und ohne jeden Hundeverstand. Es war mitten im Sommer, die Sonne stand noch relativ tief, als ich einen ausgewachsenen Irischen Wolfshund in der Isar baden sah. Als er aus dem Wasser kam, sprang er aus dem Stand auf einen etwa 1,80 hohen Stapel Baumstämme, der am Ufer lag. Als sich dieser graue, zottelige Riese schüttelte, stoben Millionen feine Wassertröpfchen durch die Luft. Im Sonnenlicht schien die ganze Luft magisch zu glitzern. »Da muss ich hin«, befahl mir mein Gehirn. Wie von einem Magneten angezogen marschierte ich mit Gizmo im Schlepptau auf den Hund und seinen Besitzer zu. »Komm, Gizmo, schau mal, wie riesig der Hund ist«, hörte ich mich sagen – Wolfshunde können eine Schulterhöhe von bis zu einem Meter erreichen und gelten als die größte Hunderasse der Welt. Als sich der gigantische Kopf nach unten zu Gizmo bewegte, merkte sein Besitzer wohl, dass mir die Situation dann doch etwas unheimlich wurde. »Der macht nichts, der hat noch nie was getan«, beruhigte er mich. Heute weiß ich, dass bei diesem Satz jeder Hundebesitzer hellhörig werden sollte. Damals beobachtete ich fasziniert, wie der nasse Schädel des Wolfshundes über meinen Mops striff. Wie ein gigantischer Scanner bewegt er sich von links nach rechts – und wieder zurück. Feine Wassertropfen fielen auf Gizmos völlig erstarrten Körper. Er machte die ganze Zeit über keinen Muckser und hing immer noch an der Leine. »Alles gut«, dachte ich, als wie aus dem Nichts rasierklingenscharfe Wolfzähne den kleinen Mops zu meinen Füßen am Nacken packten. Gizmo hing in etwa einem Meter Höhe im Maul des Wolfshundes und schrie panisch. Es war der blanke Horror. Wie Gizmo, der mir bis dahin immer blind vertraute, da lebend rauskam, weiß ich bis heute nicht. Ich stand definitiv unter Schock.

> *»STATT DIE GEFAHR ZU ERKENNEN, HATTE ICH NUR AUGEN FÜR DIESEN GOLIATH.«*

Gizmo litt fast zwei Wochen an den Folgen des Unfalls. Seine tiefe Nackenwunde entzündete sich schlimm, von den seelischen Verletzungen ganz zu schweigen. Eine Attacke aus dem Nichts, wie konnte das passieren? Natürlich war es allein meine Schuld. Ich hatte nicht nur die Individualdistanz des Irischen Wolfshundes ignoriert, sondern auch noch die meines eigenen Hundes. Nie im Leben wäre Gizmo aus freien Stücken so direkt auf diesen Riesen zugegangen. Und selbst wenn: Beim allerkleinsten Anzeichen einer Warnung hätte mein Mops beschwichtigen, sich unterwerfen oder einfach kehrtmachen und sich zurückziehen können. Alle diese Möglichkeiten hatte ich ihm durch die Leine und meine Ignoranz genommen. Anstatt die Gefahr zu erkennen und voll bei meinem Hund zu sein, hatte ich nur Augen für die unglaubliche Erscheinung dieses gigantischen Tieres.

Wir hatten Glück im Unglück. Es hätte schlimmer kommen können. Aber das ganze Drama hat unsere feste und enge Bindung sehr erschüttert. Einige Zeit war Gizmo an der Leine plötzlich unsicher. Wollte nicht weitergehen, wenn er nur von Weitem einen großen Hund erblickte. Dann versteifte sich sein kleiner Körper wieder und er fror regelrecht ein.

AGIEREN STATT REAGIEREN

Das schlimme Ereignis brachte mich dazu, darüber nachzudenken, was ich machen könnte, um meinem Hund an der Leine friedliche und entspannte Lösungen für kritische Situationen zu ermöglichen. Und ich kam zu dem Schluss, dass ich ihn einfach besser schützen musste.

Ein Kontakt an der Leine sollte grundsätzlich vermieden werden, weil sich unsere Vierbeiner so nicht entspannt und artgerecht begegnen können. Kommt uns zum Beispiel auf einem schmalen Weg oder einem engen Bürgersteig ein anderer Hund entgegen, nehme ich Gizmo und Khaleesi automatisch auf die ihm abgewandte, schützende Körperseite. Schon durch diese kleine Veränderung signalisiere ich ihnen, dass ich sie verantwortlich beschütze. Ist der andere Hund nicht angeleint, stelle ich mich schützend zwischen ihn und meine Fellnasen und blockiere so den neugierigen Besucher sanft.

Wer einen kleinen Hund hat, reißt ihn in so einem Moment oft reflexartig hoch. Das mag gut gemeint sein, ist deswegen aber noch lang keine gute Idee. Zum einen hassen Hunde das Gefühl, buchstäblich in der Luft zu hängen. Es verunsichert sie. Zum anderen kann schnelles Hochreißen beim anderen Hund erst recht das Interesse wecken – nach dem Motto: Das muss ja was Tolles sein, dass der Mensch das ganz für sich ganz haben will. Man lädt ihn also geradezu dazu ein hochzuspringen.

Hunde müssen sich nicht immer beschnuppern, meistens wollen sie das auch gar nicht. Um möglichen Konflikten aus dem Weg zu gehen, nehme ich meine beiden rechtzeitig auf die andere Seite.

Ich bin außerdem fest davon überzeugt, dass das Hochreißen in so einer Situation ein Stück weit unbewusst auch die Hilflosigkeit dieser Menschen ausdrückt. Das Problem dabei: Ihre Fellnase spürt das. Und Unsicherheit ist ein Gefühl, das sich nicht gerade positiv auf die Bindung auswirkt. Ich selbst lasse übrigens die Leine, wenn ich den Hund, der uns entgegenkommt, kenne oder ein gutes Gefühl habe, meistens einfach auf den Boden fallen. So haben meine Hunde die Möglichkeit, auf ihre Art mit dem fremden Besucher zu kommunizieren oder blitzschnell auszuweichen. In allen anderen Fällen schlage ich den besagten Bogen ein, stelle mich zwischen die Hunde oder lenke sie an meiner Seite durch die »Enge«.

Aktion Gelber Hund – und eine kleine Notlüge

Leider ist bei uns in Deutschland die Aktion »Gelber Hund« noch nicht überall durchgesickert. Dabei ist die Initiative zur »Wahrung der Individualdistanz« beim Hund, »YELLOWDOG.SE«, aus Schweden eine wirklich geniale Idee. Indem sie ein gelbes Halstuch oder eine gelbe Schleife an der Leine befestigen, signalisieren Hundehalter ganz unkompliziert: »Bleib auf Abstand« und »Gib mir Zeit auszuweichen«.

Ich kann nur hoffen dass sich diese Idee auch hierzulande bald etabliert und alle mehr Rücksicht aufeinander nehmen. Bis es so weit ist, muss ich mir bei unerwünschten Leinenbegegnungen mit einer kleinen Notlüge aushelfen. Der Satz: »Mein Hund hat Flöhe« macht aus unwissenden oder ignoranten »Hundeeltern« im Nu Weltmeister im Anleinen.

Karma is a bitch

Ich ahnte lange nicht, dass sich meine »lausige« Notlüge irgendwann fürchterlich rächen würde: Es war mitten im Herbst und seit ein paar Tagen kratzte sich Khaleesi auffällig oft. Anfangs schob ich es auf ihre manchmal etwas unruhige Art. Dass Hunde sich ab und an genüsslich kratzen, ist ja per se nichts Ungewöhnliches. Leider hatten Khaleesis Kratzanfälle damit nichts zu tun. Sie kratzte sich tags, sie kratze sich nachts. Vor allem nachts. Dann nagte sie an sich herum und klopfte dabei heftig und ausgiebig mit der Hinterpfote. TockTockTockTockTock! Wie eine Maschinengewehrsalve hörte sich das fast an. Matthias und ich fuhren jedes Mal erschrocken hoch.

> *»LÄUSE KOMMEN IN DEN BESTEN FAMILIEN VOR. DAS IST BEI HUNDEN NICHT ANDERS ALS BEI KINDERN.«*

Das ging mehrere Nächte so und langsam begannen wir, uns Sorgen zu machen. Vom Schlafdefizit mal ganz zu schweigen. Der Einzige, der von alldem nichts mitzubekommen schien, war Gizmo. Während Matthias, Khaleesi und ich morgens wie gerädert aus den Betten krochen, klapperte »Mister Tiefschlaf« bestens gelaunt mit seinem Futternapf. Wir überlegten: »Hatte Khaleesi vielleicht eine Allergie? Litt sie an einer Nahrungsmittelunverträglichkeit? Oder war das Kratzen die Folge von Stress?«

Wir studierten die einschlägigen Online-Ratgeber und stießen dabei auf etwas, was uns die Haare zu Berge stehen ließ: *Linognatus setosus*, besser bekannt als die gemeingefährliche Hundelaus. Ist ein Hund erst einmal von diesen kleinen Blutsaugern befallen, gibt es kein Zurück mehr. Die Läuseweibchen legen jeden Tag bis zu zehn Eier, sogenannte Nissen, ins Fell ihrer Wirtstiere, aus denen dann kleine Larven schlüpfen, die sofort ihr blutiges Handwerk beginnen und saugen, was das Zeug hält. Dadurch entstehen überall am Körper des Hundes kleine Wunden, die sich entzünden. Die Folge: ein tierischer Juckreiz. Deshalb also konnte unsere arme Khaleesi gar nicht mehr aufhören, sich zu kratzen. Ja, bestimmt hatte sie sich diese Hundelaus eingefangen, die meist durch einen infizierten Artgenossen übertragen wird – hauptsächlich verwahrloste, zottelige oder schlecht gepflegte Hunde. Aber bei welchem schmuddeligen Streuner hatte sie sich angesteckt?

Geschockt klemmte ich mich ans Telefon und rief unsere Tierärztin an. Die beruhigte mich erst einmal und riet, Khaleesis Fell nach Nissen abzusuchen. Mit einem Kamm bewaffnet, »scannten« Matthias und ich übergründlich das Fell unserer geplagten Hündin – und tatsächlich wurden wir fündig. Da waren sie, die kleinen Nissen-Biester, wenn auch nicht viele. Genauer gesagt waren es gerade mal zwei Stück. Panik machte sich in uns breit und ich spürte förmlich, wie es auf meinem Körper zu krabbeln begann. Ich erinnerte mich an ein befreundetes Elternpaar, dessen Kind einmal Läuse vom Kindergarten nach Hause gebracht hat. Sie mussten alles, was jemals mit dem Kopfhaar ihrer Tochter in Kontakt gekommen war – Mützen, Kleidung, Decken, Sofakissen, Kuscheltiere –, waschen oder drei Tage in Plastikbeutel einschweißen und einfrieren. Nur so, erzählten sie mir, könne man sichergehen, dass weder die Läuse noch ihre Eier überleben. Über Tage herrschte in dieser Familie Ausnahmezustand. Und als die Gefahr endlich gebannt war, ging es nur wenige Wochen später wieder von vorne los. Der blanke Horror! »Unser Leben ist ab heute die Hölle«, dachte ich. Ich wusste ja nicht, dass ich mir völlig umsonst Sorgen machte. Denn Hundeläuse sind für Menschen völlig ungefährlich. Sie befallen ausschließlich unsere Vierbeiner.

Wir luden die Hunde ins Auto und düsten in die Tierarztpraxis. Mit wackeligen Beinen stand Khaleesi dort auf dem kalt glänzenden Behandlungstisch und ließ sich eingehend mit einem Läusekamm auf Parasitenbefall hin untersuchen. »Also, ich kann zum Glück auch nur noch ein paar wenige Nissen finden«, beruhigte uns die Ärztin. »Wahrscheinlich hat sie das Gröbste bereits überstanden und die stark juckenden Bisswunden der Läuse sind bereits am Abheilen. Da haben Sie noch einmal Glück gehabt.« Uns fiel ein Stein vom Herzen. Khaleesi würde es bald besser gehen und die böse Ahnung unzähliger weiterer schlafloser Nächte löste sich in Luft auf. »Trotzdem würde ich gerne auch noch Gizmo abchecken«, unterbrach die Ärztin mein Gedankenspiel. »Nicht dass ein paar Läuse auf ihn übergewandert sind. Dann geht das Ganze nämlich in ein paar Tagen von vorne los.«

Gizmo hatte Khaleesis Untersuchung bisher völlig kaltgelassen. Er war in ein kleines Stück getrocknete Straußensehne vertieft, die er einer Arzthelferin mit seinem mitleiderregendsten Ich-bekomme-wirklich-nie-was-zu-fressen-Blick »abgeschwatzt« hatte. Ich beugte mich über ihn, packte ihn sanft mit beiden Händen hinter den Schulterblättern und hob ihn auf den hell beleuchteten Behandlungstisch. Doch was war das? Wir trauten unseren Augen nicht. Kaum hatte ich den muskulösen Zwölf-Kilo-Rüden abgesetzt, begann das große Krabbeln. Aus seinem imposanten »Pelzkragen« rieselten Hunderte stecknadelkopfgroße Läuse. Es war unglaublich! Überall in seinem Fell klebten milchig-weiße Nissen – am Nacken, am Rücken und vor allem unter dem Kinn. Alle im Behandlungszimmer hielten vor Schreck den Atem an. Nur unsere Ärztin nahm es mit Humor: »Na, jetzt wissen wir wenigstens, bei wem sich Khaleesi die kleinen Blutsauger eingefangen hat.«

Nachdem Gizmo mit einem speziellen Läusekamm von seinen ungebetenen Gästen befreit worden war, traten wir mit einer großen Flasche Anti-Läuseshampoo die Heimreise an. Noch am selben Abend steckten wir unsere beiden Patienten in die Badewanne und seiften sie ausgiebig ein. Danach zogen wir die Hundebetten ab und stopften die Bezüge zusammen mit den Hundedecken in die Waschmaschine. Mehr konnten wir nicht tun. Völlig k. o. lagen Matthias und ich spätnachts im Bett und ließen diesen aufregenden Tag noch einmal Revue passieren. »Warum hat sich Gizmo eigentlich nie gekratzt«, fragte ich gähnend meinen Mann. »Der muss doch mit seiner ganzen Läusearmee am Hals wirklich einen höllischen Juckreiz gehabt haben?« »Ich glaube, der Gizzi war einfach zu faul«, murmelte sich Mattias in den Schlaf. Und als ob unser Möpschen verstanden hätte, was wir da besprachen, vernahmen wir von seiner frisch gereinigten Schlafstätte die Bestätigung: ein tiefes, sonores, gleichmäßiges Schnarchen.

Gizmo kann eigentlich überall schlafen, aber am liebsten tut er es auf mir.

DIE MENTALE LEINE

Hunde sind von Natur aus auf Menschen fixiert. Um diese mentale Bindung immer weiter auszubauen, müssen wir im Grunde nur auf ihre Instinkte reagieren und immer wieder auch an uns arbeiten.

In dem Moment, wo wir uns sensibilisieren, um kritische Situationen frühzeitig zu erkennen, und dann auch voll und ganz beim Hund sind, kann der sich entspannen. Verhaltensforscher nennen das die mentale Leine. Ich gebe ja zu: Früher bin ich oft mit dem Handy am Ohr durch die Gegend gestolpert und habe meine Hunde mehr oder weniger sich selbst überlassen. Unsere Verbindung war unterbrochen, weil meine Aufmerksamkeit in diesem Moment für keinen von ihnen vorhanden war. Kein Anschluss unter dieser Nummer!

ANGST IST ANSTECKEND – UND GIFT FÜR DIE BINDUNG

Die meisten Hunde hängen mehr als 20 Stunden am Tag zu Hause herum. Deshalb haben sie in den vergleichsweise wenigen Stunden, die sie mit uns im Freien verbringen, unsere volle Beachtung verdient. Das geht am besten, wenn wir vorausschauend mitdenken und Situationen, die unsere Fellnasen verunsichern, frühzeitig zu erkennen versuchen. Hunde können erst dann entspannt durch Leben gehen, wenn wir als ihre Bindungspartner und Leitfiguren die Richtung vorgeben. Wenn wir für sie managen. Hat ein Hund auch nur für den Bruchteil einer Sekunde das Gefühl, wir wären dazu, warum auch immer, nicht in der Lage, springt er blitzschnell in die Lücke und übernimmt. Auch wenn er das eigentlich gar nicht will. Denn schließlich ist das Führung-Übernehmen purer Stress für ihn und ja, es schwächt die Bindung.

Ein einfaches Beispiel: Ein Hund ist eher der unsichere Typ und hat schon ein paarmal an der Leine beim Gassigehen negative Erfahrungen mit anderen Hunden gemacht. Weil sein Mensch ihn dabei nicht ausreichend geschützt hat, überlegt er sich seine eigene Schutzstrategie. Die lautet: »Angriff ist die beste Verteidigung. So bekomme ich den Raum, den ich brauche, um mich wohlzufühlen. Denn mein Mensch checkt das ja nicht.« Ehe man sich's versieht, gilt der eigene Hund als leinenaggressiv – ein Stempel, den er nur ganz langsam wieder loswird.

Leinenaggressiv, das klingt nach bösem Großmaul, nach Streitsucher, gewaltbereitem Pöbler. Genau das Gegenteil ist jedoch der Fall. Leinenaggressive Hund sind meist tief in ihrem Herzen verunsichert und unbeschützt. Sie hängen völlig überfordert in der Leine. Und ihrem ratlosen Besitzer geht es nicht viel anders. Ganz viele unterschiedliche Gefühle prasseln auf ihn ein. Da ist erst mal der Schreck über die Vehemenz seines Hundes, seine plötzliche negative Energie. Der Mensch wird unsicher, weil er die Situation nicht mehr beherrscht. Er wird wütend, schreit herum oder gerät am Ende total in Panik. Das wiederum macht die Sache für den ohnehin schon extrem verunsicherten Hund nicht besser. Innerhalb weniger Wochen wird jeder Spaziergang zum Spießrutenlauf. Eine explosive Eigendynamik entsteht, aus der weder Mensch noch Hund ohne professionelle Hilfe wieder herausfinden.

Hapi – oder: Das Leben hinterlässt seine Spuren

Eine Geschichte aus »Letzte Chance für vier Pfoten« ist mir in diesem Zusammenhang besonders in Erinnerung geblieben. 2018 erreichte mich ein Hilferuf aus Franken. Dort lebt Ingrid mit ihrem Lebensgefährten Christian und dem zwei Jahre alten Schäferhundmischling Hapi.

Als Ingrid mich das erste Mal kontaktierte, fiel mir sofort ihre unglaublich warme und klare Stimme auf. Umso mehr war ich überrascht, als sie mich bei meinem ersten Besuch vehement in den Hausflur drängte. Erst da bemerkte ich ihre Unsicherheit. Ingrid wirkte extrem angespannt und verunsichert. Für eine Sekunde schob ich ihr Verhalten auf mein Kamerateam. Aber dann spürte ich, dass Ingrids Unsicherheit eigentlich reine Angst und Sorge war – und zwar um mich. Ingrid kam gleich zur Sache. Ihre Stimme zitterte: »Wenn du gleich mit mir die Wohnung betrittst, darfst du Hapi auf keinen Fall Beachtung schenken.« »Nicht ansprechen, nicht berühren und unter keinen Umständen in die Augen blicken«, flüsterte sie mir auf dem Weg ins Wohnzimmer noch zu.

Schon seit ein paar Monaten hatten Ingrid und Andreas keinen Besuch. Ihr großer schwarzer Schäferhund verbellte und attackierte alles und jeden.

Fremde hatten nicht die geringste Chance, auch nur einen Fuß über die Schwelle zu setzen. Taten sie es doch, fiel Hapi sie gnadenlos an.

Draußen verhielt sich die Situation ähnlich. Hundebegegnungen endeten fast immer im Chaos. Mit seinen fast 30 Kilo sprang Hapi voll in die Leine, attackierte alles um ihn herum und riss dabei sogar seine Besitzerin mehrmals von den Füßen. Weil das für Ingrid die Hölle war, verlegte sie die Gassirunden auf spätnachts oder ganz früh am Morgen. »Wie Diebe schleichen der Hapi und ich durch die Nacht«, klagte sie frustriert und ich dachte daran, wie schlecht sich Ingrid in ihrer Situation gerade fühlen musste.

»Es ist wie beim Zusammenleben mit einem Alkoholiker«, schreibt der amerikanische Verhaltensforscher und Aggressionsexperte James O'Heare in seinem Buch »Das Aggressionsverhalten des Hundes«. »Man fühlt sich gedemütigt, ratlos und schämt sich für das Verhalten seines Hundes. Es ist einem peinlich.« Klar, dass dadurch auch die Bindung in Mitleidenschaft gezogen wird. Hapis Verhalten, der damit verbundene tägliche Stress und die Angst, sorgten bei Ingrid und Andreas immer öfter für Streit und Diskussionen. Der unglaubliche Satz: »Der Hund oder ich« war zwar noch nicht gefallen, aber so konnte es auf keinen Fall weitergehen.

Meine beiden Fellnasen wissen, dass sie bei mir sicher sind. Daher brauchen sie sich beim Gassigehen nicht »aufmandeln«.

Dabei war Hapis Verhalten nicht immer so. Die ersten Wochen lebte Ingrid harmonisch mit ihm zusammen. Erst mit der Zeit veränderte sich das Verhalten des damals noch recht jungen belgischen Schäferhundes. Wie kam es dazu? Und welche Rolle spielte dabei Bindung?

Ingrid, im Job eine richtige Powerfrau, hat eine Schwäche für große Hunde. Dänische Doggen haben es ihr angetan. Ihre letzte Hündin, Heart, war erst vor einem Jahr verstorben. Ingrid hatte lange überlegt, als sie einige Monate später das örtliche Tierheim in einer hessischen Kleinstadt besuchte. Ihr Leben fühlte sich ohne Fellnase an der Seite nicht perfekt an. Andreas, ihr Lebenspartner, unterstützte sie bei der Entscheidung.

Als Ingrid an einem warmen Frühlingstag die Zwingerreihen des Tierheims abging, entdeckte sie einen kleinen, abgemagerten Schäferhund, der mit leeren Augen apathisch in seiner Käfigecke saß. Sie spürte seine innere Anspannung. Unter Hapis stumpfem, pechschwarzem Fell brodelte es. Als Ingrid vor den Käfig trat, stockte ihr der Atem.

An dieser Stelle ist mal wieder Zeit für einen kurzen Realitycheck: Nicht alle Tierheime sind traurige oder deprimierende Orte. Die meisten Menschen, die dort arbeiten, haben ihr Leben dem Tierschutz verschrieben und leisten Tag für Tag Großartiges, oft unter erschwerten Bedingungen. Vielen Gemeinden und Bezirken in Deutschland ist Tierschutz immer noch nicht wichtig. In der Stadtkasse herrscht Ebbe oder es stehen gerade »wichtigere« Probleme auf der Tagesordnung. Die Ausreden der Kommunalpolitiker sind oft vorgeschoben und im Grunde nicht akzeptabel. Jeder Hund, der im Tierheim sitzt, hat sich irgendwann einmal auf seinen Menschen verlassen und ist bitter enttäuscht worden. Über drei Millionen Hunde haben nicht freiwillig ins Tierheim eingecheckt, sondern haben eine Geschichte – meistens eine sehr traurige, die aber niemand hören will. Jedes Tierheim ist verpflichtet, lückenlos und freiwillig Auskunft über die Herkunft, die genauen Lebensumstände und die charakterlichen Eigenschaften eines zur Vermittlung stehenden Hundes zu geben. All diese Informationen werden, wie bei einem Wildwest-Steckbrief, am Zwinger angebracht, so können sich Interessenten gleich einen ersten Eindruck über die Fellnase verschaffen.

Die Informationen zum Bewohner im Zwinger dieses hessischen Tierheims waren kurz und bündig. Rasse: Schäferhundmischling. Geschlecht: männlich. Alter: ca. 1 Jahr. Darunter stand noch: Wurde vom Vorbesitzer nicht gut behandelt. Vorsicht, muss einen Maulkorb tragen, aggressiv!

> *»ERLITTENE GEWALT HEILT MAN NUR DURCH SICHERHEIT UND SCHUTZ.«*

Als Ingrid neugierig und gleichzeitig bedacht zu Hapi an den Zwinger trat, hörte sie nur sein stoßweises Atmen. Die großen Ohren waren flach nach hinten gerichtet und sein Oberkörper minimal von seiner Besucherin abgewandt. Schon wieder so ein böser schwarzer Klischeehund, dachte Ingrid. Vorsichtig betrachtete sie Hapi genauer und entdeckte die weiß gesprenkelte Brust des Rüden. Als Hapi im selben Moment seinen Kopf in ihre Richtung drehte, blickten sich beide direkt an. »Seine honigbraunen, traurigen Augen haben sich regelrecht in mich hineingebrannt«, erzählte mir Ingrid später. »Ich musste diesen Hund unbedingt näher kennenlernen.« Die Blicke der beiden lösten sich und Hapi trottete durch eine Öffnung aus dem Auslauf ins Zwingergebäude zurück, ohne sich noch einmal umzusehen. Über seinem Nacken klaffte von Ohr zu Ohr eine etwa drei Zentimeter breite kahle Stelle. Eine rötlich weiß vernarbte Fleischwunde. Was war Hapi zugestoßen? Ingrid war auf alles gefasst, als sie von der Leiterin des Tierheims über die Vergangenheit Hapis aufgeklärt wurde. Sie hatte mit allem gerechnet, aber nicht damit. Sein Vorbesitzer hatte den Welpen bereits mit acht Wochen zu sich geholt. Er hatte sich bewusst für einen Schäferhund entschieden, da er den Hund auf eigene Faust und so früh wie möglich zum Wach- und Schutzhund ausbilden wollte. »Natürlich auf eigene Faust«, dachte Ingrid. Die Ausbildung von Hunden zum Schutzhund im Polizei- oder Sicherheitsbereich ist in Deutschland, Österreich und der Schweiz nämlich streng behördlich reglementiert und darf nur von den Behörden selbst erfolgen oder bedarf im Wach- und Sicherheitsgewerbe einer besonderen Genehmigung. Hapis neues Herrchen gehörte weder einer Polizeibehörde noch dem Schutz- und Sicherheitsgewerbe an. Eine spezielle Ausbildung besaß er auch nicht. Er traktierte den jungen Hund von Anfang an mit einem Stock, um ihn möglichst schnell wild und angriffslustig zu machen. Ständige negative Reize sollten Hapi wie auf Knopfdruck zum Angriff provozieren. Trotz ständiger Quälerei und Provokation zeigte Hapi aber nicht gleich die gewünschte Aggressionsbereitschaft. Deshalb legte sich sein Besitzer ein Teletaktgerät zu. Was nach altmodischer TV-Fernbedienung klingt, ist in Wirklichkeit ein Folterinstrument zur Hundeausbildung. Ein Halsband mit Elektrosensoren, die es dem Besitzer erlauben, per Fernbedienung harte Stromschläge bis zu 1750 Volt auszulösen. Das soll Hunde dazu bewegen, mit Bellen oder Jagen aufzuhören. Hapi sollte das Gerät wild und aggressiv machen.

Als Ingrid mir diese Geschichte erzählte, zog sich mein Magen zusammen. Mir wurde übel. Bis 2005 waren Elektroschocker für Hunde in jedem deutschen Tierfachgeschäft erhältlich und wurden von Profis, aber auch von Laien fleißig eingesetzt. 2006 stufte das Bundesverfassungsgericht diese und

*Hunde sollten unbe-
schwert aufwachsen.
Nur wenn sie sich ge-
borgen fühlen, kön-
nen sie Vertrauen zu
ihrem Menschen auf-
bauen und Bindung
kann wachsen.*

ähnliche Geräte mit Ultraschall oder Duftdüsen endlich als tierschutzrelevant ein und sprach ein generelles Anwendungsverbot aus. Unter harmlosen Namen wie »Dog-Trace« oder »Pet-Save« werden sie allerdings von skrupellosen Händlern bis heute lustig weiterverkauft – auch in Deutschland.

So ein Elektrohalsband trug auch der sechs Monate alte Hapi um seinen noch schmalen Schäferhundhals. Statt als Welpe unbeschwert die Welt zu erkunden und dabei Vertrauen und Bindung zu Menschen und der Umwelt aufzubauen, gab es für Hapi nur Drill, Erziehung und Schmerzen. Immer und immer wieder wurde der hilflose Hund mit Stromschlägen und einer Eisenstange gequält. Als er immer noch nicht das gewünschte Aggressionsverhalten zeigte, zog ihm sein Unmensch das Stromhalsband noch enger über das weiche, dichte, glänzend schwarze Fell. Dieser Psychopath ließ erst von dem mittlerweile einjährigen Junghund ab, als die Hitze der dauernden Stromschläge sein Fell und die darunter liegende Haut bis aufs Fleisch verschmort hatten. Hapi gab auf. Sein Geist war im Begriff, sich von seinem misshandelten Hundekörper zu lösen. Die ständigen Schmerzen und das nicht enden wollende Leid hatten seine junge Seele gebrochen. Wie ein nasser Sack wurde er halb tot in den Kofferraum eines Autos geworfen und wie ein Kadaver vor dem

Tierheim abgeladen. Die Leiterin der Einrichtung erinnerte sich noch genau an die letzten Worte von Hapis Peiniger: »Den kann man zu nichts gebrauchen. Macht mit dem, was ihr wollt.«

Während mir Ingrid Hapis Leidensgeschichte schilderte, liefen uns beiden die Tränen über das Gesicht. Aus Mitleid für Hapi, aber vor allem aus Scham darüber, was ein Mensch diesem Hund angetan hatte.

Ingrid war durch ihre Doggen im Umgang mit großen Hunden erfahren und traute sich zu, den traumatisierten Hapi zu sich zu nehmen. Tatsächlich verbesserte sich der Zustand des Rüden schnell. Er taute auf, war verspielt und legte an Gewicht zu. Seine Wunden verheilten und bei Andreas und Ingrid zu Hause war er ein richtiger Schmusekater. Die beiden überschütteten ihren Neuzugang mit Liebe und versuchten, das an ihm geschehene Unrecht ein Stück weit wieder gutzumachen.

Doch langsam und schleichend änderte sich Hapis Verhalten. Beim Spaziergang attackierte er immer öfter andere Hunde und in den eigenen vier Wänden reagierte er plötzlich extrem aggressiv auf Besuch und fremde Menschen. Als Ingrid im Affekt einmal die Arme hochriss, biss Hapi zu. Ein Verhalten, das noch aus seiner Schutzhundausbildung stammte. Beim Hochreißen der Arme einer vom Hund gestellten Person beißt sich der Schutzhund auf Kommando fest. Ingrid war geschockt und immer mehr verunsichert. Spaziergänge wurden zum Spießrutenlauf und schließlich entschloss sich das Paar, einen »Hundeflüsterer« zu Rate zu ziehen. Der hielt Hapi für nicht therapierbar, da es ihm sein von Grund auf ag-

> *»DIE QUÄLEREIEN, DIE HAPI ALS WELPE ERLEIDEN MUSSTE, HATTEN NICHT NUR KÖRPERLICH SPUREN HINTERLASSEN.«*

gressives Wesen unmöglich mache, sich unterzuordnen. Doch genau das müsse Hapi lernen. Außer guten Ratschlägen und einer saftigen Rechnung drückte der Mann Ingrid noch eine kurze Eisenkette in die Hand. Die sollte sie Hapi vor die Füße pfeffern, wenn er wieder ausrastete. Das Scheppern würde sein Verhalten sofort abbrechen. Das »funktionierte« auch – und Ingrid gab diese Kette auf ihren einsamen Spaziergängen mit Hapi Sicherheit. Ich verstehe sie nur zu gut. Niemand kann sich vorstellen, wie seelisch belastend das Zusammenleben mit einem angstaggressiven Hund wie Hapi sein kann. Damals klammerte sich Ingrid an jeden Strohhalm und wusste noch nicht, dass Wurfketten, Schütteldosen, Wasserspritzpistolen, Wurfschellen oder Stromhalsbänder alle demselben Prinzip folgen: Ihr Einsatz erschreckt den Hund so sehr, dass er, egal was er gerade tut, innehält. Kurze Zwischenfrage: Wann haben Sie sich das letzte Mal so richtig erschrocken? Erinnern Sie sich an dieses kurze Gefühl der Ohnmacht. Wie der Puls rast, die Blutgefäße im Gesicht anschwellen, die Ohren klingeln und sich der Magen zusammenzieht? Für Hunde ist dieses Gefühl noch viel intensiver. Sie hören im Ultraschallbereich, riechen einzelne Moleküle und sind am gesamten Kopfbereich sehr empfindlich. Wie sollte Hapi Ingrid jemals vertrauen können, wenn sie diese Methoden bei ihm anwendete? Und das nach all dem, was er an menschlicher Gewalt erfahren hat? Hapis Probleme lagen auf der Hand. In den ersten Monaten seines Lebens wurde er kaum sozialisiert, sondern nur gequält und gedrillt. Zusätzlich hatten die angewandten aversiven Erziehungsmaßnahmen sein Selbstbewusstsein und das Vertrauen in Menschen extrem geschwächt. Bindung lernte der junge Rüde überhaupt nicht kennen. Aber genau die brauchte er dringender denn je. Und noch viel schlimmer wog, dass sich Ingrids eigene Angst sofort auf den unsicheren Hapi übertrug.

DAS MENTALE BAND ÜBERTRÄGT GUTE WIE NEGATIVE STIMMUNGEN

Hunde sind soziale Rudeltiere und Stimmungsübertragung (Spiegelung), besonders bei Gefahr, ist für sie ein überlebenswichtiges Kommunikationsmittel. Das heißt aber auch: Sobald wir unsicher sind, überträgt sich das auf unseren Hund. Und manchmal springt er als Teampartner auch gleich in die Lücke und versucht, unsere Unsicherheit durch noch mehr Selbstsicherheit seinerseits auszugleichen. Dadurch verschafft er sich Raum. Platz zum Atmen. Können Sie sich vorstellen, wie gut es sich für einen unsicheren Hund anfühlt, wenn ihm plötzlich alle Platz machen? Gerade noch verunsichert und voller Adrenalin flutet jetzt die Glücksdroge Dopamin durch seinen Körper. Und wie das mit Glücksdrogen so ist: Sie machen extrem schnell süchtig. So berauscht müssen sich die Typen fühlen, die konstant auf der linken Autobahnspur brettern, immer die Lichthupe an, und Auto für Auto vor sich wegschieben. Wenn die Autobahnpolizei so einen Raser herauswinkt, steigt aus dem dicken Auto meist kein selbstbewusster, starker Vertreter der Rasse *Homo sapiens*. Nein, es sind fast immer die kleinen, gedrungenen Typen, die ganz kleinlaut und mit unsicherer Stimme den Ahnungslosen spielen.

Es war nicht leicht für Ingrid, sich einzugestehen, dass sie sich bei Hapi überschätzt hatte. Mit Unterstützung einer gewaltfrei arbeitenden Trainerin hat sie diszipliniert an sich selbst gearbeitet. Sie musste lernen, kritische Situationen frühzeitig zu erkennen und dabei selbst ruhig zu bleiben. Erst ihr eigenes souveränes Verhalten gibt einem unsicheren Hund wie Hapi Sicherheit und Stabilität. Das Paar hat Hapis »Schwächen« erkannt, akzeptiert und gelernt, damit umzugehen. Im Gegenzug musste Hapi lernen, dass er sich nicht einfach jeden Raum nehmen kann. Dass er besonders innerhalb der Wohnung sichere Rückzugsorte hat und es deshalb keinen Grund gibt, den Rest gegen Fremde zu verteidigen. Das managen Ingrid und Andi für ihn, konsequent und ruhig. Im geschützten, kontrollierten Rahmen, beim Training, fiel es Hapi leicht, wieder Vertrautheit zu fremden Menschen und anderen Hunden aufzubauen. Ingrid unterstützte und unterstützt ihn konsequent dabei, sodass die Bindung durch positive Erlebnisse immer stärker wurde.

Erziehung und Bindung sind voneinander abhängig. Wenn Sie mich fragen, wo genau der Unterschied zwischen beidem liegt? Ich denke, Erziehung ist vorgelebte und wohlgemeinte Konsequenz. Bindung dagegen ist das Gefühl, die Feinfühligkeit dabei. Der Hund fühlt sich so sicher, dass er folgt, weil er uns vertraut und uns »folgen« will – nicht weil er muss oder Angst vor den Konsequenzen hat. Das haben Ingrid und Andreas schnell begriffen. Ihre eigene Beziehung ist an der intensiven Zeit mit Hapi nicht zerbrochen, sondern enger geworden. Wie bei uns Menschen ist es auch mit unseren Hunden. Bindung entsteht auch durch gemeinsam durchlebte Konflikte.

Hapi ist inzwischen zu einem wunderschönen, reifen Rüden herangewachsen. Für ihn hat endlich ein neuer Lebensabschnitt begonnen und das Einzige, was an seine schlimmen ersten Lebensmonate erinnert, ist die Narbe oberhalb seines Nackens.

Gizmo und Khaleesi orientieren sich gern an mir, weil sie wissen, dass ich nur ihr Bestes will.

RITA KAMPMANN
TIERPSYCHOLOGIN UND HUNDETRAINERIN

STRAFE IST NIE EINE LÖSUNG

JOCHEN BENDEL: Neulich habe ich eine Frau beobachtet, die eine scheppernde Dose nach ihrem bellenden Hund warf. Warum macht man das?
RITA KAMPMANN: Es tut mir in der Seele weh, wenn ich höre, dass Menschen ihre Hunde mit Wasser bespritzen, erschrecken oder ähnliche Grausamkeiten anwenden. Und das Schlimmste ist, dass es noch immer jede Menge »Hundetrainer« gibt, die solche aversiven Erziehungsmethoden empfehlen. In meinen Einzelstunden muss ich oft reparieren, was sie kaputt gemacht haben.

JB: Was genau sind denn aversive Erziehungsmethoden?
RK: So bezeichnet man alle Maßnahmen, die den Hund auf unangenehme Art reizen, ihn also erschrecken, ihm Angst machen oder sogar wehtun. Aversive Erziehung ist also im Grunde nichts anderes als Erziehung über Strafe. Tut der Hund etwas, was sein Frauchen oder Herrchen stört, erfolgt ein negativer Reiz. Die Idee dahinter: Der Hund soll Fehlverhalten und Strafe miteinander verknüpfen, damit er es in Zukunft gleich bleiben lässt.

Verständnisvoll, konsequent und mit einer kleinen Belohnung ab und zu, lernen Hunde am schnellsten, was wir von ihnen erwarten. Gewalt braucht es dazu nicht.

JB: Warum kann das nicht funktionieren?

RK: Wenn ein Hund Angst hat oder aggressiv nach vorne geht, hat er definitiv ein Problem. Und wir können sicher sein, dass sein Problem nicht besser wird, wenn er auch noch für sein Verhalten bestraft wird. Möglicherweise verknüpft er den plötzlich auftretenden, für ihn willkürlichen, unangenehmen Reiz auch mit etwas anderem. Da er das Erschrecken nicht zuordnen kann, muss er damit rechnen, jederzeit erneut sanktioniert zu werden. Dies kann ihn dauerhaft nervös, ängstlich oder aggressiv machen. Das ist für die Beziehung zu seinem Besitzer definitiv nicht förderlich.

JB: Trotzdem ist der Hund, wenn er erschrocken ist, erst mal »ruhiger«.

RK: Das mag nach außen hin vielleicht so aussehen, aber für den Hund fühlt es sich definitiv nicht besser an als vorher. Das Problem verschwindet nämlich nicht, sondern sucht sich nur ein neues Ventil – oft ist das eins, das wir zu dem Zeitpunkt noch nicht kennen. Ich verstehe die Verzweiflung mancher Hundebesitzer, wenn sich ein Problem scheinbar ewig hinzieht und nicht lösen lassen mag. Aber es ist nicht fair gegenüber unseren Hunden, nur die Symptome zu bekämpfen, ohne die Ursache dahinter zu verstehen und zu behandeln.

JB: Welche Reaktion wäre also besser?

RK: Ein Hund braucht in diesem Moment keine Strafe, sondern die Hilfe, das Verständnis und den Schutz seines Besitzers. Als solcher trägt man die Verantwortung dafür, dass es dem Hund gutgeht – und zwar aus Sicht des Hundes, nicht aus Sicht des Menschen. Dann zeigt er auch kein »Problemverhalten«. Wir haben in unserer Hundeschule noch nie über Strafreize gearbeitet, sondern versuchen immer, die Ursache des Problems herauszufinden und gemeinsam mit dem Hundebesitzer zu behandeln. Wir wissen also aus eigener Erfahrung, dass aversive Methoden auf gar keinen Fall nötig sind.

JB: Stattdessen erklärt ihr euren »Schülern« immer wieder, was es bedeutet, ein verantwortungsvoller Hundebesitzer zu sein.

RK: Genau. So ein verantwortungsvoller »Chef« führt seine »Truppe« souverän und konsequent. Er bestraft und erschreckt die anderen nicht, wenn es ihnen nicht gutgeht. Stattdessen zeigt er ihnen vertrauensvoll und auf jeden Einzelnen abgestimmt, wie sie sich sicher und ohne Angst verhalten können. Und im Notfall sorgt er für den Schutz jedes Einzelnen. Richtig führen heißt also nicht, um alles in der Welt seinen Willen durchzusetzen. Gute Hundehalter sind nicht streng und unberechenbar, sondern souverän, verständnisvoll und schützend. Und sie sehen ein »Problem« auch mal als Chance, sich wieder aufeinander einzulassen und zu verstehen.

3. SÄULE: VERSTÄNDNISVOLL SEIN

WENN WIR VERSTÄNDNIS FÜR UNSERE HUNDE UND IHRE BEDÜRFNISSE AUFBRINGEN, SEHEN WIR IN SCHWIERIGEN SITUATIONEN NICHT NUR DIE PROBLEME, SONDERN AUCH ALL DIE WUNDERBAREN MÖGLICHKEITEN, DIE UNS DAS ZUSAMMENLEBEN MIT IHNEN BIETET.

WAS WILLST DU?

Nicht alles, was uns logisch erscheint, tut das automatisch auch für den Hund. Und manches, was wir »unmöglich« finden, ist für ihn instinktiv vollkommen richtig. Verdrehte Welt? Nein, Hundelogik! Nur wenn wir die Bedürfnisse unserer Fellnasen kennen und respektieren, können wir ihre Beweggründe verstehen – und das, was sie uns eigentlich sagen wollen.

Während ich an diesem Buch schreibe, scheinen die ersten Strahlen der Frühlingssonne durch das große Fenster in mein Arbeitszimmer. Wie ein Brennglas bündelt die Scheibe das warme Licht. Es dauert keine fünf Minuten, bis meine beiden Fellnasen den gleißenden Lichtfleck auf dem Boden bemerkt haben. Ganz eng kuscheln sie sich genau dort aneinander. Wenn ich sie so da liegen sehe, innig aneinandergeschmiegt, kann ich ihre Verbundenheit fühlen. Man könnte direkt neidisch werden, wie entspannt und glücklich sie sind. Doch das war nicht von Anfang an so. Erst mit der Hilfe einer Hundetrainerin konnten wir unsere beiden Fellnasen aneinander gewöhnen. Das Wichtigste, was ich dabei gelernt habe, war, verständnisvoll zu sein. Jeden meiner Hunde als Individuum zu akzeptieren und auf seine emotionale Verfassung Rücksicht zu nehmen. Es war nicht immer leicht, Khaleesi, dem kleinen Welpenmädchen, liebevoll und konsequent den Platz in unserer Familie zu zeigen und dabei Gizmo vor ihrer dem Welpenalter geschuldeten Distanzlosigkeit zu schützen. Doch mit viel Einfühlungsvermögen unsererseits lernten beide mit der Zeit, entspannt zusammen aufzuwachsen und respektvoll miteinander umzugehen. Es hat geklappt, weil wir Verständnis für ihre unterschiedlichen Bedürfnisse aufbrachten.

HUNDE SIND ECHTE MENSCHENVERSTEHER

Jeder Hund ist einzigartig, und wenn es im Zusammenleben von Zwei- und Vierbeinern einmal Schwierigkeiten oder Probleme gibt, ist Geduld und Fingerspitzengefühl gefordert. Das Allerwichtigste aber ist, zuerst einmal kritisch auf sich selbst zu schauen und ordentlich Innenschau zu halten.

Circa 15 000 Jahre leben Mensch und Hund jetzt bereits unter einem Dach. Kein Wunder, dass der Hund zum Menschenversteher geworden ist. In Österreich hat eine wissenschaftliche Studie mit Hunden eindeutig bewiesen, dass diese Tiere zwischen fröhlichen und wütenden menschlichen Gesichtern unterscheiden können. Unsere Vierbeiner haben außerdem gelernt, sich von wütenden Menschen besser fernzuhalten.

Ich bin fest davon überzeugt, dass Hunde sehr sensibel auf unser Befinden reagieren. Ich erlebe es ja selbst: Wenn es mir schlecht geht, suchen meine beiden Fellnasen meine Nähe oft besonders und weichen nicht von meiner Seite. Forscher haben sogar herausgefunden: Wenn ein Hund seinen Menschen plötzlich und wie aus dem Nichts heraus heftig verteidigt, kann das ein Anzeichen dafür sein, dass dieser krank ist – auch wenn er das selbst noch gar nicht weiß. Sarah, eine Kundin, kam vor einiger Zeit mit ihrer zweijährigen spanischen Straßenhündin Concha in die Hundeschule. Sie war ratlos, denn ihre bis dahin zu jedem freundliche und absolut entspannte Begleiterin reagierte plötzlich in bestimmten Situationen äußerst seltsam. »Gestern hat sie bei unserer Gassirunde wie aus dem Nichts einen Hund und sein Herrchen angeknurrt, die an uns vorbeigingen. Und heute hat mich an der Bushaltestelle ein Mann nach Wechselgeld gefragt, den hat sie auch richtig angefaucht. So was hat sie doch noch nie gemacht«, erzählte Sarah etwas ratlos. Ich nahm ihre Schilderung auf jeden Fall ernst. Ich kannte Concha, seit sie in Deutschland angekommen war. Sie hatte wie die meisten Fellnasen aus dem Tierschutz ihre ganz persönliche Geschichte: Ihre Eltern, waschechte »Herumtreiber«, versorgten die Familie durch Betteltouren an lokalen Strandbars mit überlebenswichtigen Naturalien. Die Gäste dort waren in Urlaubsstimmung und gingen entspannt mit den Hundeeltern und ihrem zotteligen Nachwuchs um. Zum Ärgernis der örtlichen Gastronomiebetreiber. Die verjagten die hungrige Bettel-Gang mehrmals täglich mit viel Geschrei – manchmal flog ihnen auch eine leere Bierflasche hinterher. Doch Straßenhunde sind stark, resistent, äußerst gewieft und sehr intelligent. Warum? Die Antwort lautet: »natürliche Selektion«, die härteste Auslese der Welt. Im Vergleich zu Hunden vom Züchter, die vom ersten Tag an gepäppelt und auch später noch mit viel Hingabe und Fürsorge großgezogen werden, überleben auf der Straße nur

die fittesten und schlausten Vierbeiner. Und so war es kein Wunder, dass der liebenswerte, schlappohrige »Wanderzirkus« immer wieder neue Wege fand, sich eine kleine Leckerei vom Tisch der Urlauber zu erbetteln. Genau aus diesen Gründen hatte Concha auf der einen Seite Menschen gegenüber ein gesundes Maß an Misstrauen, verstand es aber trotzdem, jeden mit ihrer aufgeschlossenen Art um den Finger zu wickeln. Kein Wunder, dass das damals nur ein paar Monate alte cremefarbene Streunermädchen mit den grün gesprenkelten Augen schnell den Weg in Sarahs Herzen gefunden hatte.

Leider jedoch hat auch der schönste Urlaub irgendwann ein Ende. Sarah wollte auf einen Goodbye-Drink in der Strandbar vorbeisehen und sich dabei von ihrer Rasselbande verabschieden. Doch als sie kurz vor Sonnenuntergang an der Bar eintraf, waren die Fellnasen nicht da. »Die sind gestern vorne am Verkehrskreisel von einem Auto angefahren worden, keine Ahnung, was mit denen passiert ist«, erklärte der Wirt mit einem Schulterzucken. »Fragen Sie doch mal in der Perera nach.«

Der Rest der Geschichte ist schnell erzählt. Sarah fand Concha tatsächlich noch am selben Abend im Tierheim der Stadt. Nur sie und zwei ihrer Geschwister hatten den Unfall überlebt. Über die lokale Tierschutzorganisation

Hunde brauchen an sich schon viel Ruhe für ihre Ausgeglichenheit – und Welpen noch mehr, um sich gut zu entwickeln.

konnte sie Conchas Adoption und Ausreise regeln und vier Wochen später hielt sie ihr kleines Strandmädchen glücklich in den Armen. Nur Sarahs Feingefühl und regelmäßigen Besuchen in der Hundeschule war es zu verdanken, dass aus der ehemaligen unsicheren Streunerin eine selbstsichere und in sich ruhende erwachsene Hündin werden konnte. Deshalb war ich auch etwas besorgt zu hören, dass die sonst so lammfromme Concha sich Fremden gegenüber plötzlich derart ablehnend verhielt.

Dass Hunde ihr Verhalten von einem Tag auf den anderen plötzlich extrem verändern, ist nämlich äußerst ungewöhnlich. Fast schon ausgeschlossen. Es gibt jedoch auch Ausnahmen. Besonders dann, wenn der Auslöser für die Verhaltensänderung gesundheitliche Gründe hat. »Vielleicht hatte Concha nur einen schlechten Tag. Aber bevor du dir über ungelegte Eier Gedanken machst, solltest du sie auf jeden Fall gesundheitlich durchchecken lassen«, empfahl ich Sarah. Unsere Vierbeiner sind nämlich leider nicht in der Lage, uns zu sagen, ob sie Schmerzen oder Beschwerden haben. Daher sind sie, besonders im Alter, darauf angewiesen, dass wir sie genau beobachten und regel-

Hunde können nicht nur aufmerksam gucken, sie sind es auch – und nutzen dazu nicht nur ihre Augen, sondern vor allem ihre Nase.

mäßig mit ihnen zum Tierarzt gehen. Gerade bei urplötzlich auftretendem aggressivem Verhalten darf man organische Ursachen nicht ausschließen, etwa an der Schilddrüse oder im Gehirnstoffwechsel.

Conchas Geschichte aber sollte eine völlig überraschende Wendung nehmen: Die Hündin wurde vom Tierarzt ausgiebig gecheckt. Alle Befunde waren absolut unauffällig. Dafür hatte Sarah plötzlich morgens ganz andere Beschwerden. Ihr wurde leicht übel. Sie schob es auf die Aufregung und die Sorge um ihre Hündin. Aber als die Beschwerden nicht abklingen wollten, ließ auch sie sich vom Hausarzt durchchecken. Und Überraschung: Sarah war in der siebten Schwangerschaftswoche – ohne das Geringste davon zu ahnen. Anders als ihre treue Hündin Concha. Die hatte ganz offensichtlich schon längst gewittert, was Sache war, und versuchte daher fremde Menschen, die ihrem Frauchen zu nahe kamen, auf Abstand zu halten.

So unglaublich die Geschichte klingt, sie ist kein Einzelfall. Es gibt verschiedene Theorien, woran Hunde erkennen können, dass ihr Frauchen in anderen Umständen ist, noch bevor diese es selbst weiß. Ein möglicher Grund: die Veränderung des Hormonhaushalts und der Anstieg des Schwangerschaftshormons HCG im Blut, was Hunde mit ihrer feinen Nase wahrnehmen. Was genau Conchas Beschützerinstinkt ausgelöst hat, lässt sich im Nachhinein schwer sagen. Fakt aber ist, dass manche Hunde merken, dass ihr Frauchen schwanger ist, und dann oft besonders wachsam sind. Ein Beispiel dafür, wie sehr unsere Fellnasen Verständnis für unsere aktuelle Stimmung aufbringen und demensprechend reagieren. Wir Zweibeiner sind in dieser Beziehung oft deutlich weniger einfühlsam. Definitiv ein Punkt, an dem wir von Hunden wieder etwas lernen können.

OFT BEGINNT ALLES MIT EINEM MISSVERSTÄNDNIS

Ich muss nur ein strenger Anführer sein und meinen Willen dominant durchsetzen, dann läuft es schon mit dem Hund. Ich bin das »Alphatier«, genau wie bei den Wölfen. Schließlich stammt auch mein Hund letztendlich vom Wolf ab, oder? Stimmt nicht ganz, denn Hunde und Wölfe sind in Wahrheit nur noch sehr entfernt miteinander verwandt. Außerdem zeigen Wölfe hierarchisches Rudelverhalten nur in Gefangenschaft oder wenn lebenswichtige Ressourcen knapp werden. In Freiheit, in der Wildnis, pflegen sie einen sehr sozialen und familiären Umgang, der von gegenseitiger Rücksichtnahme und Verständnis geprägt ist. Dass ein einziger Wolf das Rudel von ganz oben hart nach unten dominiert, diese Theorie ist schon lange widerlegt.

Jeder Hund hat das angeborene Bedürfnis, sich eng an uns zu binden – das Ergebnis eines evolutionären, über Tausende von Jahren gewachsenen Prozesses. Die Forscher nehmen heute an, dass wahrscheinlich nicht der Mensch, sondern die Vorfahren unserer heutigen Caniden den ersten Schritt auf uns zugegangen sind. Sie haben sich uns angeschlossen, haben uns als Sozialpartner gewählt. Natürlich nicht ohne Hintergedanken. Vermutlich haben sich die ersten neugierigen Wölfe bei Menschen herumgetrieben, weil sie dort immer mal wieder Futter abstauben konnten. Die Menschen profitierten im Gegenzug davon, dass die Wölfe bei drohender Gefahr die perfekte »Alarmanlage« waren. Eine Win-Win-Situation. So wurde die Menschenwelt im Laufe unserer gemeinsamen Evolution auch der Lebensraum unserer Hunde.

Sich instinktiv an den Menschen zu binden ist Hunden also angeboren. Und deshalb müssen wir uns ihnen gegenüber auch nicht dominant verhalten oder gar Gewalt anwenden. Wir brauchen nur verständnisvoll zu sein. Wenn es mal nicht so läuft zwischen uns, bringt es nichts, sich darüber zu ärgern und den Druck an unserer Fellnase abzulassen. Man darf nicht denken: »Warum hat er das jetzt gemacht?« Sondern: »Was hat dazu geführt, dass er dieses Verhalten zeigt?« Ja, das Schwerste dabei ist, die Fehler bei sich zu suchen.

Aber eine enge Bindung ist nun mal abhängig von unserem Verständnis für die Bedürfnisse unserer Lieblinge. Hunde treffen nicht nur eigene Entscheidungen, sie haben vor allem eigene Bedürfnisse. Egal ob das zum Beispiel Schutz oder Zuneigung ist, sinnvolle Auslastung oder einfach nur Ruhe.

WIR MÜSSEN RESPEKTIEREN, WAS UNSERE FELLNASEN BRAUCHEN

Kunden von mir hatten zu Hause ein Monster, das Kinder biss. Das Monster hieß Frido und war zwölf Wochen alt. Ein Baby! Blaue Welpenaugen blitzten aus seinem struppigen rehbraunen Köpfchen und die kleine rosa Stupsnase saß lustig mitten im zerknautschten Gesicht. So ein süßer Fratz! Aber Frido machte Ärger. Dabei freute sich die Familie schon so lange auf ihren neuen Hund. Vater Karl und Mutter Evelyn hatten lange mit den beiden zehnjährigen Zwillingen beratschlagt und sich schließlich für einen jungen Hund aus dem Tierschutz entschieden. Der Einzug des kleinen Frido aus dem Tierheim wurde deshalb vorsorglich auf den Ferienanfang gelegt. So hätte Evelyn Zeit und Ruhe, die Eingewöhnung zu überwachen. Eine gute Idee. Leider hatte niemand daran gedacht, dass mit Start der Ferien auch täglich die Freundinnen der Töchter täglich vorbeikamen, um mit dem süßen Babyhund zu »spielen«.

Sechs Tage waren vergangen und die Euphorie über den flauschigen Neuzugang war blankem Horror gewichen. Als ich bei der Familie eintraf, blickte ich in ratlose und sorgenvolle Gesichter. Ich vermutete das Schlimmste. Frido war im Dauer-Duracell-Modus und rannte völlig aufgekratzt durchs Haus. Er fand einfach keine Ruhe. In keinem seiner fünf Hundebetten hielt er es lange aus. Die Kids hatten Tränen in den Augen. Als sie die Ärmel ihrer Pullover hochschoben, sah ich die Katastrophe: Ihre zarten Unterarme waren mit unzähligen tiefen, blutigen Kratzern übersät. Das Resultat kleiner, rasiermesserscharfer Welpenzähne, die Frido gnadenlos gegen seine ahnungslosen Spielkameradinnen eingesetzt hatte. Warum? Weil er sich nicht mehr anders zu helfen wusste! Die Situation war eskaliert. Jeder in der Familie versuchte, den überdrehten Welpen zu irgendetwas zu bewegen. »Sei ruhig, Frido!« »Frido, hör auf!« »Frido, geh da hin!« Evelyns Stimme klang verdächtig schrill. Ein eindeutiges Zeichen, dass auch sie mit dem jungen Hund überfordert war.

Klein Frido ging es genauso. Die unendlich vielen Eindrücke, neuen Reize, Geräusche und Berührungen waren der pure Stress für den kleinen Welpen, der im Ausland Mutter und Wurfgeschwister verloren hatte und dann in einem deutschen Tierheim gelandet war. Endlich bei seiner Familie hatte er keinen sehnlicheren Wunsch, als anzukommen und in Ruhe gelassen zu werden. In dieser sensiblen Phase seines jungen Lebens hätte Frido bis zu 20, ja, Sie haben richtig gelesen, 20 Stunden Schlaf benötigt. Seine tatsächlichen Ruhezeiten dagegen tendierten gefühlt gegen null.

Der kleine Welpe war wirklich süß und putzig. Klar, dass alle Freunde vorbeikommen wollten, um ihn zu bewundern. Für Frido aber bedeutete das pure Aufregung. Ich fragte Evelyn, wie es war, als sie nach der Geburt ihrer Mädchen aus dem Krankenhaus nach Hause gekommen war. »Hast du da auch den ganzen Tag Besucher mit deinen Babys spielen lassen?« Evelyn verstand. Als Mutter konnte sie sich auf einmal gut in den völlig erschöpften Welpen hineinversetzen. »Diese Beißerei: Er ist gar nicht wild, sondern weiß sich in seinem Zustand nur nicht mehr anders zu helfen«, dämmerte es ihr.

Welche Bedürfnisse Welpen haben, geschweige denn diese zu akzeptieren, darüber hatte sich diese Familie nie so richtig Gedanken gemacht. Wie sollte Frido da Vertrauen aufbauen und sich an seine Menschen binden? Ich verordnete der ganzen Familie eine Anti-Stress-Kur. Fridos Hundebetten-Arsenal wurde auf eine (!) kuschelige Hundebox reduziert, die wir an einem ruhigen Ort im Haus aufstellten und in der wir ein paar leckere Welpen-Kausachen deponierten. In diese »Schatzhöhle« konnte sich Frido zurückziehen und sich den Stress von der Seele kauen – so wie es Babys machen, wenn sie an

> »VERSTEHEN HEISST AUCH, IMMER WIEDER GROSSZÜGIG ZU SEIN.«

ihrem Schnuller nuckeln. Wenn Frido schlief, durfte ihn niemand stören, besonders die Zwillinge nicht. Die Besuchszeiten der Freunde wurden auf ein Minimum reduziert und man ließ den Zwerg weitestgehend in Ruhe. Jeder in der Familie brachte von diesem Tag an viel mehr Verständnis für die Bedürfnisse des kleinen Neuankömmlings auf. Endlich konnte Frido richtig in seinem neuen Zuhause ankommen.

LASSEN SIE SICH AUFEINANDER EIN

Verständnisvoll für die Bedürfnisse unserer Hunde zu sein bedeutet nichts anderes, als sich voll und ganz auf sie einzulassen. Das machen Khaleesi und Gizmo doch auch: sich auf mich einlassen. Jeden Tag. Sie trotten aufmerksam mit mir durch die hektische Fußgängerzone, umringt von Millionen Menschenbeinen, die sie eigentlich verunsichern. Sie wechseln geduldig Straßenseiten, überqueren Straßenbahngleise und liegen brav unter dem Sitz der U-Bahn. Genauso haben sie Verständnis dafür, wenn ich mal wieder viel zu spät nach Hause komme, und die heiß ersehnte Gassirunde wegen Übermüdung kürzer ausfällt als erhofft.

Unsere Hunde bringen uns ständig Verständnis entgegen – und wir bemerken das nicht einmal, weil es für uns ganz selbstverständlich ist. Ist es da nicht das Mindeste, dass auch wir uns bemühen, ihre aktuellen Bedürfnisse zu erkennen und artgerecht zu stillen?

Wir »pressen« unsere Hunde in unser Leben und bestimmen fast alles für sie. Sie sollen sich am besten sofort an unseren Lebensrhythmus anpassen. Aber was ist mit ihren Bedürfnissen? In früheren Zeiten konnten Hunde zusammen mit uns jagen, sie konnten uns bewachen oder uns bei der Arbeit unterstützen. Mensch und Hund waren ein Team, teilweise auf Augenhöhe. Heute suchen wir uns unseren vierbeinigen Begleiter meist aus, ohne auch nur einen Gedanken daran zu verlieren, ob wir seinen (rassespezifischen) Bedürfnissen gerecht werden können. Es ist ja auch viel einfacher, unsere menschliche Denkweise über den Hund zu stülpen. So müssen wir sein Verhalten nicht lange hinterfragen. Wie oft habe ich schon kleine Hunde beobachtet, die wie ein Berserker kläffend auf alles losgehen, was sich ihnen nähert? »Der ist halt ein richtiger Macho und ein bisschen größenwahnsinnig«, hört man die Besitzer sagen. Der anschließende Knopfdruck auf die Flexileine genügt und das nervige Tier wird zurück an Frauchens oder Herrchens Seite »katapultiert«.

Hunde müssen sich so oft an unser Leben anpassen. Da ist es doch eine Kleinigkeit, die Welt ab und zu auch mal aus ihrer Perspektive zu sehen.

Kleiner Mann ganz groß: Anstatt sich aufzuführen, wartet Gizmo lieber ruhig und aufmerksam ab, was passiert.

Ja, so einfach kann man sich die Situation schönreden, denke ich mir. Ich habe nämlich auch die eingeklemmte Rute und die nach hinten gelegten Ohren des kleinen »Machos« bemerkt und diese Körpersignale sprechen definitiv eine entgegengesetzte Sprache. Der kleine Zwerg hat einfach nur die Hosen voll und sein Verhalten ist nicht großkotzige Pöbelei, sondern ein panischer Hilfeschrei nach Abstand.

Aus der Sicht des Hundes macht sein Verhalten durchaus Sinn: Unser kleiner Leinenrambo hat schließlich das Gefühl, allein auf weiter Flur zu kämpfen. Aber für was kämpft er eigentlich? Vielleicht für mehr Raum. Weil er verunsichert ist, benötigt er mehr Abstand zu allem, was ihm begegnet. Vielleicht hat er auch die Erfahrung gemacht, dass die Person am anderen Ende der Flexileine ihn schon öfter in unangenehme Situationen mit anderen Hunden gebracht hat. Da hat es dann geknallt und der niedliche »Mr. Flexi« hat eine schlimme Abreibung bekommen. Was er verständlicherweise nicht noch ein zweites Mal erleben will. Können Sie sich vorstellen, wie sehr sich ein so verunsicherter Hund in diesem Moment nach Verständnis von seinem Bindungspartner sehnt. Nichts wünscht er sich gerade mehr. Und was bekommt er? Einen »Rückfahrschein« per Flexileine.

Ich habe mich häufig gefragt, warum ängstliche Hunde so oft aggressiv reagieren und nicht einfach zurückhaltend und passiv. Das wäre doch viel logischer. Aber das ist wieder Menschendenken. In Wahrheit spielt hier das Hormon Dopamin eine wichtige Rolle. Realisiert ein unsicherer Hund – und es ist egal, ob er groß oder klein ist –, dass er mit seiner Strategie erfolgreich ist, fühlt sich das für ihn verdammt gut an. Er bekommt einen regelrechten Dopaminkick. Glückshormone fluten seinen Körper. Klar, dass er deswegen genau dieses Verhalten immer öfter zeigt. Ein gefährlicher Kreislauf. Ich will nicht wissen, wie viele Chihuahuas oder Zwergspitze sich vor dem Einschlafen wie ein brasilianischer Fußballer bekreuzigen, weil sie wieder einen Tag an der Seite eines ignoranten Menschen überlebt haben.

DER »CARGLASS-EFFEKT«

Wenn wir es nicht schaffen, mehr Verständnis für die generellen und aktuellen Bedürfnisse unserer Fellnasen aufzubringen, ziehen wir am Ende den Kürzeren. Unsere Beziehung läuft aus dem Ruder und über kurz oder lang tauchen die ersten Probleme auf. Dann muss ein Hundetrainer her, der das schnell und effektiv wieder »wegmacht«. Ich nenne es den »Carglass-Effekt«. Der »Fehler« wird einfach schnell und unkompliziert repariert, wie in der Autowerkstatt. Am Symptom arbeiten ist die fachliche Bezeichnung dafür. Übertragen auf den kleinen Hund an der Flexileine, der jedes Mal komplett ausrastet, wenn er anderen Hunden begegnet, hieße das: Genau in dem Moment, wenn er in die Leine springen und bellen will (Symptom), hält man ihm sein absolutes Quietsche-Lieblingsspielzeug vor die Nase. Zweimal »Quitschquietsch«, schon ist er abgelenkt. Das Spielzeug ist jetzt viel wichtiger und die Kläffattacke bleibt aus. Merken Sie was? Genau: Die Carglass-Methode ist der absolute Bindungskiller. Die Ursache, also warum der Hund sich immer so aufregt, bleibt nämlich weiterhin bestehen, es wird gar nicht nach ihr gefragt.

Es gibt sicher Menschen, denen das egal ist und die völlig zufrieden damit sind, wenn sie das Problem erst einmal schnell los sind. Aber stellen Sie sich mal vor, ein Kind käme weinend von der Schule nach Hause. Jede Mutter und jeder Vater würde doch sofort wissen wollen, was dahintersteckt. Nur die ignorantesten Eltern würden ihm einfach ein Eis in die Hand drücken, damit es endlich mit der nervigen Heulerei aufhört, und nicht weiter nachfragen.

Solange wir uns nicht die Mühe machen, verständnisvoll zu sein und nach der Ursache für das Problem in unserer Mensch-Hund-Beziehung zu forschen, bleibt dieses Problem in der Hundeseele weiter bestehen. Und so lange kann keine echte Bindung wachsen.

»PUBERTIERE« BRAUCHEN EXTRA VIEL VERSTÄNDNIS

Im Leben jedes Hundes gibt es eine Phase, in der er ganz besonders auf unser Verständnis angewiesen ist. Eine Phase, in der die Weichen für eine solide Bindung und ein entspanntes, glückliches Zusammenleben mit uns gestellt werden: die Pubertät.

Wenn Sie Kinder haben, die aus dem Gröbsten raus sind, wissen Sie, wovon ich gerade rede. Wenn nicht, denken Sie einfach an Ihre eigene Pubertät zurück. Diese berüchtigte Phase des emotionalen Chaos und des Sich-nicht-verstanden-Fühlens. Beim Hund beginnen die Hormone ungefähr mit einem halben Jahr, das Regiment im Körper zu übernehmen. Unsere Fellnase wird geschlechtsreif. Doch wie sich die Pubertät äußert, da gibt es auch bei Hunden eine enorme Bandbreite. Bei Gizmo und Khaleesi verlief sie jedenfalls völlig unterschiedlich: Während mein kleiner Mops schon relativ früh begann, sein Beinchen beim Pinkeln zu heben – ich weiß noch, wie ich das gefeiert habe –, ließ sich Khaleesi Zeit. Sie war die klassische Spätzünderin.

BODYGUARD ODER STALKER?

Für Hundejungs bringt die Pubertät viele Veränderungen mit sich. Ihr Körper schießt schneller in die Höhe, was die Koordination beeinträchtigen kann, und im Gehirn werden wichtige Areale umgebaut. Vor allem aber werden sie auf einmal von anderen Rüden als Konkurrenz wahrgenommen. Denn in der Welt männlicher Hunde ist Fortpflanzung nicht nur ein Trieb, der sich nicht ausschalten lässt, sondern vor allem eine Ressource, die es zu schützen und zu verteidigen gilt. Von einem Tag auf den anderen ist daher beim Zusammentreffen mit anderen Rüden Vorsicht und Fingerspitzengefühl gefordert. Aus Freunden werden plötzlich Rivalen.

Unser Labradormädchen wurde mit acht Monaten zum ersten Mal läufig. Ich weiß noch, wie aufgeregt wir in unserem Männerhaushalt alle waren. Khaleesi gewöhnte sich zum Glück schnell an das Tragen ihres schicken Schutzhöschens. Im Drogeriemarkt besorgte ich die passenden Slipeinlagen. Als die Kassiererin das Päckchen mit den Ultrabinden über den Scanner zog, warf sie mir einen verwunderten Blick zu. Ich werde nie vergessen, wie ich mit stolzgeschwellter Brust durch den ganzen Laden rief: »Die sind für unseren Hund, sie ist nämlich das erste Mal läufig.« Die Leute hinter mir in der Schlange schauten mich mit weit aufgerissenen Augen an und ich packte blitzschnell mit hochrotem Kopf meine Einkäufe zusammen und suchte das Weite.

Natürlich entging auch Gizmos Stupsnäschen die hormonelle Veränderung seiner bis dato recht anstrengenden Mitbewohnerin nicht. Er muss sich wie ein kleiner Junge in der Schokoladenfabrik gefühlt haben. Sein neuer Job: Khaleesis privater Bodyguard. Für mich sah es allerdings eher nach klassischem Stalking aus. Auf Schritt und Tritt verfolgte er »sein« Mädchen und

Heute ein gewohnter Anblick, aber ich kann mich noch genau daran erinnern, als Gizmo das erste Mal sein Bein hob. Junge, war ich stolz.

überschüttete es mit Zuneigung. Khaleesi zeigte ihm zwar regelmäßig durch kurzes Knurren an, dass ihr diese Flirtattacken gehörig auf die Nerven gingen. Aber das stieß bei unserem Romeo auf taube Ohren. Eine gefährliche Dynamik entstand, denn plötzlich hatten beide Hunde Stress. Damit ihre Beziehung keinen dauerhaften Schaden nahm, verordnete ich dem berauschten Liebhaber öfter mal eine Auszeit. Wenn ich zurückdenke, kamen wir mit einem blauen Auge durch die Pubertät. Mit Einfühlungsvermögen und Verständnis haben wir versucht, uns in die Gefühlslage unserer Hunde hineinzuversetzen und ihre Bedürfnisse zu respektieren. Viel mehr kann man als »Eltern« in dieser Phase eigentlich auch nicht tun.

DIE HORMONE DES VERGESSENS

Mit etwa 18 Monaten beginnen die Hormone dann noch einmal das Regiment im Körper zu übernehmen, was so manchen Hund dazu veranlasst, sein Verhalten komplett zu ändern. Er ist dann zum Beispiel plötzlich empfindlich wie eine Mimose oder zittert bei der kleinsten Überraschung wie Espenlaub. Dinge, die er bis dahin völlig problemlos bewältigt hat, etwa Aufzug fahren oder zwischen lärmenden Menschen hindurchzulaufen, verursachen nun aus unerklärlichen Gründen Panik. Wie aus dem Nichts gerät er mit Artgenossen aneinander, selbst wenn sie vormals beste Buddys waren. Experten haben diesem Phänomen einen Namen gegeben:

»AUCH WENN IHR HUND SIE AN IHRE GRENZEN BRINGT, DÜRFEN SIE IHN MIT SEINEN ÄNGSTEN NICHT ALLEINE LASSEN.«

Angstphase. Und für viele Hundebesitzer ist diese Zeit wirklich schlimm. Ist ja auch verständlich. Gerade ist man aus dem Gröbsten raus, schon folgt der nächste Hammer. Dazu kommt: Über das Fehlverhalten junger Hunde hinwegzuschauen ist einfach. Denn wir trauen ihnen bestimmte Dinge einfach nicht zu. Wenn aber ein älterer Hund plötzlich »spinnt«, ist es bei vielen mit dem Verständnis vorbei. Sprüche wie: »Da muss er halt durch« oder »Die soll sich nicht so anstellen, hat doch vorher auch geklappt« höre ich auf dem Hundeplatz immer wieder. Leider! Denn wer seinen Hund in dieser zweiten Pubertätsphase mit seinen Problemen allein lässt, sie ignoriert oder ihn sogar zu etwas zwingt, schädigt die Bindung nachhaltig. Also heißt es erst einmal tief durchatmen. In so einem Moment können wir zeigen, dass wir wirklich verständnisvolle »Hundeeltern« sind. Anstatt das Problem einfach zu ignorieren, müssen wir konsequent und trotzdem liebevoll bleiben und nicht von der Erziehung abweichen. Der Hund braucht mehr denn je einen festen Rahmen und ein Vorbild, das ihm Grenzen setzt, dabei aber ruhig und gelassen bleibt.

KATE KITCHENHAM
WISSENSCHAFTSJOURNALISTIN, TRAINERIN, COACH

PUBERTÄT ALS CHANCE

Zwischen dem süßen, wohlerzogenen Welpen und unserem Traumbild vom erwachsenen Hund liegt eine wilde Zeit: die Pubertät. Doch diese Phase ist nicht nur nervenaufreibend, sondern vor allen Dingen eine Zeit der Chancen! Denn hier bekommen wir die Gelegenheit, dem jungen Hund in seiner Sturm-und-Drang-Phase zu beweisen, dass wir auch in schweren Zeiten nicht aufhören, ihn zu lieben. Dass wir ihm zeigen, wie Leben geht, ihn Erfahrungen sammeln lassen und bei schlechten Erlebnissen da sind, um ihn zu schützen.

Wenn die Hormone Achterbahn fahren

Schuld an chaotischem Auftreten, fehlender Empathie und dem Vergessen jeglichen guten Benehmens des »Pubertiers« sind zwei Gene, die lustigerweise »Kis 1« und »Kis 2« heißen. Sie aktivieren ein Hormon aus der Hirnanhangsdrüse (Hypophyse): das »Gonadotropin releasing Hormon« (kurz: GnRH), das wiederum die Freisetzung der Geschlechtshormone veranlasst. Daraufhin kommt es zu vielen Folgereaktionen: In Gehirn und Körper werden Wachstumsprozesse gestartet, die alles durcheinanderbringen. Während das motorische Gehirn zum Beispiel noch auf Welpenmaße programmiert ist, sind die Beine plötzlich gewachsen. Muskelsteuerungssysteme funktionieren nicht mehr richtig, der Hund zeigt den typischen schlaksigen Gang, stolpert und stößt sich ständig. Auch die Hormone kreisen noch unausgewogen durch die Blutbahn, werden aber im Gehirn sofort aktiv, wenn der Hund in dieser Phase Erfolgserlebnisse hat: Dann wird sehr schnell eine neue Datenautobahn im neuronalen Netzwerk für lohnenswertes Verhalten angelegt, und die funktioniert mit jedem positiven Erlebnis schneller. Es ist also sehr, sehr wichtig für die Persönlichkeitsentwicklung von Hunden (und Menschen), welche Erfahrungen sie in diesem Lebensabschnitt machen. Haben Halbstarke ständig tolle Erfolge mit Mobbing von Artgenossen oder Jagen von Joggern und Hasen,

Die wichtigste Aufgabe in der Pubertät: nicht den Draht zueinander verlieren.

werden sie diese »Hobbys« schnell lieben und ihr Leben lang machen wollen. Hat ein pubertärer Hund aber einen verantwortungsvollen, einfühlsamen Menschen an seiner Seite, wird dieser ihm einen »kontrollierten Handlungsfreiraum« bieten. In dem darf der Jungspund eigene Erfahrungen machen – was für die Entwicklung der Persönlichkeit sehr wichtig ist, wie eine neue Studie aus Bali zeigt: Eine vergleichende Untersuchung der lokalen Hundepopulation ergab, dass bei Hunden, die kaum selbstständig agieren durften, besonders häufig Verhaltensprobleme wie Aggressionsverhalten gegenüber fremden Menschen und Hunden auftreten. Streuner dagegen verhielten sich am gelassensten. Jeder junge Hund sollte also möglichst viele Erfahrungen sammeln dürfen, und dazu gehört auch, mal auf die Nase zu fallen. Nur so können soziale Lebewesen eine gute Selbst- und Fremdkenntnis entwickeln.

Tief durchatmen – und Halt geben

Wichtig ist, dass wir unserem Hund unterstützend zur Seite stehen und ihn mal eingrenzen oder schützen – je nachdem, was in der Situation und Entwicklungsphase gerade sinnvoll ist. Unser Einfluss auf die Resilienz, also die Stressempfindlichkeit des Hundes, konnte durch verschiedene Studien in letzter Zeit nachgewiesen werden: Ruhige und ausgeglichene Hunde haben Menschen mit genau den gleichen Eigenschaften. Der Grund könnte unter anderem darin liegen, dass wir durch unsere »soziale Präsenz« besonders in der Pubertät die Botenstoffausschüttungen in die richtigen Bahnen lenken und den Hund dabei unterstützen, sich zu einem sozial flexibel handelnden, einfühlsamen Lebewesen entwickeln zu können. Ganz wichtig: Geduld und Humor brauchen wir auch, damit wir Aussetzer und lustige Ideen unseres »Pubertiers« nicht persönlich nehmen. Denn sie wissen (noch) nicht, was sie tun.

4. SÄULE: RICHTIGE KOMMUNIKATION

SPRACHBARRIEREN GIBT ES NICHT NUR UNTER
MENSCHEN UND VERMUTLICH WÜNSCHTE SICH SCHON
SO MANCHER HUNDEBESITZER EIN HUNDEWÖRTER-
BUCH. DABEI IST ES GAR NICHT SO SCHWER ZU
VERSTEHEN, WAS UNSERE FELLNASEN UNS »SAGEN«
WOLLEN – ODER IHNEN BEGREIFLICH ZU MACHEN,
WAS WIR EIGENTLICH VON IHNEN WOLLEN.

LIEBE BRAUCHT KEINE WORTE

Worte, und seien sie noch so liebevoll, werden in der Mensch-Hund-Beziehung hemmungslos überschätzt. Mehr noch: Unseren Fellnasen ist es ehrlich gesagt relativ schnuppe, was wir den lieben langen Tag so daherreden. Sie achten auf ganz andere Sachen, zum Beispiel auf unsere Tonlage, unsere Haltung und Bewegungen oder, auch wenn das erst mal seltsam klingt, darauf, wie wir riechen.

Wenn wir von Kommunikation sprechen, meinen wir in erster Linie den Austausch von Informationen. Er kann über Sprache erfolgen, aber auch nonverbal, also ohne Worte. So genügte zum Beispiel der strenge Blick meiner Oma, mich eines Bessern zu belehren, wenn ich mal wieder die Ofentüre aufreißen wollte, um zu schauen, ob der Kuchen endlich fertig war. Es brauchte keine Worte, um mir zu sagen: »Verzupf' dich, sonst scheppert's.« Aber auch wenn Menschen sehr vielfältig kommunizieren, ist Sprechen doch unser bevorzugtes Ausdrucksmittel: Nichts sagt mehr als Worte. Sie sind ewig. Und manchmal kann ein einziges falsches Wort sogar eine Beziehung zerstören. Hunde kommunizieren völlig anders. Sie »unterhalten« sich miteinander in Körpersprache. Laute wie Bellen oder Jaulen spielen nur eine untergeordnete Rolle. Darüber hinaus teilen sich Hunde, wie viele andere Lebensformen auch, über eine für uns Menschen unsichtbare Kommunikationsform mit: über Gerüche, genauer gesagt Pheromone. Hunde haben für diese chemischen Botenstoffe einen ganz besonderen Riecher. Und, was ich das eigentliche Wunder finde: Sie haben sogar ein eigenes Organ dafür. Es heißt

Jacobson-Organ oder Vomeronasalorgan und ist ein mikroskopisch enger Tunnel, der in der Mundhöhle hinter den Schneidezähnen beginnt und weiter durch die Nase verläuft. Die dort befindlichen Riechzellen schicken ihre Informationen direkt ins Gehirn, in das Zentrum für Gefühle, das lymbische System.

Mithilfe des Jacobsonschen Organs kann ein Hund mehr als nur die in der Luft herumschwirrenden, besonders flüchtigen Duftmoleküle analysieren. Er ist sogar in der Lage, besonders intensive und aussagekräftige »Nachrichten« zu dechiffrieren. Um das Mega-Tool optimal zu nutzen, zieht er, die Nase ganz eng am Boden, das Maul leicht geöffnet, die von Duft geschwängerte Luft mit kurzen Stößen durch die Zähne. Dabei grunzt und klappert er mit den Zähnen wie ein Sommelier, der gerade einen besonders kostbaren Wein probiert. Behutsam werden die edlen Duftmoleküle mit der Zunge am Gaumendach in das Jacobson-Organ gepresst. Blitzschnell erfolgt daraufhin die Analyse im Gehirn – und die emotionale Erinnerung daran wird auf ewig abgespeichert. Ich muss gerade an »Das Parfüm« denken, jenen Bestseller von Patrick Süskind. Die aufwühlende und spannende Fiktion dieses Buches, in dem es um die faszinierende Macht und die Kraft von Düften und Gerüchen geht, ist für unsere Fellnasen profaner Alltag. Was für außergewöhnliche Wesen unsere Hunde doch sind. Kein Wunder, dass Gizmo an bestimmten Orten förmlich mit der Nase kleben bleibt und an jede Ecke seine Visitenkarte pinkelt, stets in der Hoffnung, dass sich eine läufige Hündin bei ihm meldet.

KOMMUNIKATION IST KEINE EINBAHNSTRASSE

In den Tausenden Jahren, in denen der Hund mit uns Menschen zusammenlebt, hat er sich ständig bemüht, sich unserem Verhalten und unserem Leben immer mehr anzupassen. Verglichen damit geben wir uns viel zu wenig Mühe, die Sprache unserer vierbeinigen Mitbewohner zu verstehen. Das soll nicht heißen, dass wir von nun an auch an jeder Straßenecke unsere Duftmarke hinterlassen sollten. Aber um wirklich glücklich und entspannt mit unseren Hunden zusammenzuleben, müssen wir lernen, sie zu verstehen. Je besser wir ihre Signale, ihre Sprache dechiffrieren können, desto gezielter und erfolgreicher können wir auf ihre Bedürfnisse eingehen. Dann fühlen sich unsere Fellnasen geliebt und verstanden. Dann entsteht das Wunder der Bindung.

Wenn ich während meiner Ausbildung zum Hundetrainer von einem anstrengenden und lehrreichen Seminartag nach Hause kam, konnte ich Khaleesi und Gizmo manchmal nicht in die Augen sehen. Ich hatte oft ein schlechtes Gewissen. Ich hatte viel Neues gelernt und begann Hunde besser zu verstehen. Jetzt schämte ich mich für mein Unverständnis und die Ignoranz ihnen gegenüber. Es gab Momente, da fühlte ich förmlich die Genugtuung im Blick meiner beiden Fellnasen. Ganz nach dem Motto: »Das hätten wir dir gleich sagen können, dass du manchmal ganz schön sinnloses Zeug mit uns ausprobiert hast. Aber du wolltest ja nicht zuhören.« Warum reden Mensch und Hund so oft aneinander vorbei? Wieso machen wir uns nicht die Mühe, genau hinzuhören? Und warum ist eine entspannte und aufmerksame Kommunikation für unsere Mensch-Hund-Bindung überhaupt so wichtig?

Viel Lärm um nichts

Ich rede viel mit meinen beiden Hunden. Den ganzen Tag, von morgens bis abends. Ich finde es einfach toll, mit ihnen zu quatschen. Blabla, blablabla, blablablabla … Ich plappere wirklich die ganze Zeit auf sie ein. Die beiden sind ja auch so dankbare Zuhörer. Ich kann Ihnen alles anvertrauen, jedes noch so geheime Geheimnis. Sie sind absolut verschwiegen. Nach einem »bescheidenen« Arbeitstag kann ich bei ihnen Frust ablassen. Ich stehe dann in der Küche und schnippele Gemüse, während meine beiden Zuhörer daneben sitzen und mir aufmerksam ihr Ohr leihen. In diesen Momenten bin ich mir sicher, dass sie mich verstehen. Mehr noch, dass sie sogar meiner Meinung sind. Auch wenn eine Antwort ausbleibt: Allein durch ihre reine Anwesenheit oder einen vielsagenden Blick geben sie mir ein gutes Gefühl.

Natürlich bilde ich mir das alles nur ein. Khaleesi und Gizmo haben ihre Ohren nach ein paar Minuten längst auf Durchzug gestellt und ihre Aufmerksamkeit auf zufällig herunterfallende Leckereien gelenkt. Die Kommunikation zwischen Zwei- und Vierbeinern ist eine Geschichte voller Missverständnisse. Und das größte Missverständnis ist zu denken, unsere Hunde wüssten immer genau, was wir meinen, wenn wir mit ihnen reden. Das zeigt sich besonders dann, wenn wir etwas von ihnen wollen. Da kommen wir mit vielen guten Worten nämlich eher selten ans Ziel. Aber warum ist das eigentlich so?

Körpersprache sagt mehr als tausend Worte

Hunde kommunizieren meist lautlos. Abgesehen von gelegentlichem Knurren, Jaulen oder Bellen »sprechen« sie mit ihrem Körper. Schon als niedliche Welpen lernen sie diese Art der Kommunikation mit ihren Geschwistern. Wenn sie dann mit etwa zehn Wochen sozialisiert werden, machen sie beim kontrollierten Spielen in der Welpenspielstunde diese Erfahrungen auch mit anderen Gleichaltrigen. Das ist wichtig für ihr späteres Kommunikationsverhalten. Denn sie lernen dort auch Hunde kennen, die ganz anders aussehen,

Echte Starqualitäten: Wenn ich mir meinen »Marsianer« so anschaue, könnte er glatt auch noch eine Rolle in »Man in Black« bekommen.

sich anders bewegen oder andere Geräusche machen, als sie es bisher gewohnt waren. Mein Mops Gizmo kann ein Lied davon singen. Mit seinem faltigen Mondgesicht, der flachen Schnauze und dem Kringelschwänzchen war er am Anfang ein echter Marsianer im Hundekindergarten.

Dass wir Menschen ihre Art der Kommunikation nicht beherrschen beziehungsweise nicht mal mitbekommen, was da so alles vor unseren Augen abläuft, davon ahnen die Welpen zunächst nichts. Es dauert allerdings nicht lange, bis sie in der Lage sind, sehr klar mitzuteilen, was sie von uns wollen. Machen wir mal den Test: Hund kratzt an der Tür? Heißt: »Mach die Türe auf!« Er scheppert mit dem Napf? »Ich habe Hunger oder Durst.« Er schleppt sein Spielzeug an? »Spiel mit mir!« Er legt sich auf den Rücken und strahlt uns an? »Kraul mir doch mal bitte den Bauch!« Die Verhaltensforscherin Hanna Worsley hat in einer Studie an der Universität Manchester insgesamt 19 Gesten ermittelt, die Hunde gezielt einsetzen können und die von uns Menschen auch eindeutig erkannt werden. Hunde zeigen uns also zum Teil sehr klar und deutlich, was sie von uns wollen und wie es ihnen geht. Das Problem ist nur: Wenn es bei der Kommunikation um abstraktere Dinge geht, wie zum Beispiel Unbehagen oder Furcht, sind wir Menschen schnell überfordert.

Können Sie sich vorstellen, wie frustrierend es für einen Hund sein muss, wenn seine Mitteilungen bei uns, seinem geliebten Partner, unverstanden bleiben. Oder schlimmer noch: falsch interpretiert werden? Und Frust ist natürlich schlecht für die Bindung. Social Media etwa ist voll mit Videoclips von Hunden, die angeblich ein schlechtes Gewissen haben, weil sie in Abwesenheit ihrer Menschen etwas angestellt haben. »Schuldbewusst« halten sie den Kopf leicht gesenkt, den Blick abgewandt … »Der kann seinem Menschen vor lauter schlechtem Gewissen nicht in die Augen sehen«, denkt man automatisch. Und liegt damit mal wieder voll daneben. Um sich schuldig zu fühlen, müsste ein Hund nämlich, bereits während er etwas tut, wissen, dass wir uns darüber ärgern werden. Genau das aber tut er nicht. Denn Fakt ist: Hunde besitzen, im Gegensatz zu uns, wenig Ich-Bewusstsein. Hunde denken und »sprechen« immer in der Gegenwart. Sie können Dinge, die in der Vergangenheit oder Zukunft liegen, kaum mit dem gegenwärtigen Moment in Bezug bringen.

Als Khaleesi ungefähr sechs Monate alt war, kam ich eines Abends ins Schlafzimmer und wäre fast rückwärts aus den Schuhen gekippt. Alles, was ich sah, war Chaos! Im ersten Moment dachte ich, eine Bombe hätte auf dem Bett eingeschlagen oder ein Schwarm Tauben wäre durchs Fenster gestürzt. Dabei hatte mein kleines Labbimädchen »nur« die Kopfkissen zerfleddert.

Noch ehe ich richtig zu schimpfen beginnen konnte, sprang sie vom Bett und kam schwanzwedelnd, geduckt und mit eingezogenem Kopf auf mich zugeschlichen. Dabei schleckte sie sich über den Fang und wollte auch meine Hände ablecken. Ihre Körpersprache war eindeutig: Khaleesi versuchte, meine Erregung und meine Anspannung abzufedern – wie passend. Dass sie die Ursache dafür sein sollte, »nur« weil sie ein halbes Stündchen vorher den Kopfkissen den Garaus gemacht hatte, diesen Bezug konnte sie nicht herstellen. Dementsprechend wusste sie auch nicht, warum ich auf 180 war.

Worauf ich hinauswill: Khaleesis Verhalten war kein Zeichen der Reue, sondern nur die direkte Reaktion auf meine momentane Gefühlslage. Stimmungsübertragung heißt dieses Phänomen in der Verhaltensforschung – und sie ist ein wichtiger Bestandteil hündischer Kommunikation. Hunde bedienen sich dazu ihrer sensationell scharfen Sinne. So wie Khaleesi. Sie analysierte blitzschnell die Erregung in meiner Stimme und genauso wenig entging ihr mein zorniger Gesichtsausdruck. Natürlich bemerkte ihre feine Nase auch das Stresshormon Adrenalin, das der Körper in so einer Situation ausschüttet und das gerade in »Überdosis« durch meine Adern flutete. Daher folgte sie ihrer Intuition und versuchte, die Wogen zu glätten. Indem sie mich zu beschwichtigen versuchte.

Aktuelle Studien über Empathie und Emotionserkennung belegen die Stimmungsübertragung zwischen Mensch und Hund. Dieser Tatsache dürfen wir uns daher nicht verschließen, wenn wir uns um eine gute und enge Bindung zu unseren Fellnasen bemühen wollen.

HUNDE LESEN GEDANKEN – EGAL WAS WIR DAZU SAGEN

Dass Hunde nicht verstehen, was wir sagen, heißt nicht, dass sie uns überhaupt nicht verstehen. Das tun sie nämlich sehr gut, sogar besser, als wir glauben. Sie lesen dazu einfach unsere Gedanken. Ich geb's ja zu: Das klingt ein bisschen esoterisch. Als ob unsere Fellnasen verstehen würden, was wir denken und fühlen. Aber genau das können sie! Hunde verstehen nicht die Bedeutung unserer Worte. Sie verknüpfen zwar einzelne Begriffe mit Dingen oder Aktionen. Die gesprochenen Worte sind für sie dabei aber nicht so wichtig. Viel mehr achten sie darauf, *wie* wir etwas sagen. Sie achten auf den Klang unserer Stimme. Vor allem aber achten sie darauf, wie wir uns dabei fühlen. Sie wissen schon: die Pheromone. Unser Pech, dass das, was wir sagen, häufig im Widerspruch zu dem steht, was wir wirklich wollen und »ausdünsten«.

> »UNSERE HUNDE WISSEN, LANGE BEVOR WIR ES SELBST WISSEN, WIE ES UNS GERADE GEHT.«

Grundkurs in der Hundeschule. In der zweiten Stunde übten wir das »Bleib!«. Das heißt, der Hund soll auch dann brav und ruhig sitzen, wenn sich sein Mensch ein Stück weit von ihm entfernt. Der Aufbau der Übung ist eigentlich recht einfach. Nachdem der Hund sitzt, soll er durch eine klare Handbewegung, beispielsweise das Zeigen der ausgestreckten Handinnenfläche ,und der kurzen Aufforderung »Bleib!« als akustisches Signal dazu gebracht werden, in seiner Position zu verharren. Und zwar so lange, bis der Mensch die Situation wieder auflöst.

Bei einem älteren Ehepaar und ihrem süßen Beagle Sammy klappte das leider überhaupt nicht. Ich kannte die drei schon aus der Welpenspielstunde und wusste, wie innig ihr Verhältnis war. Der Hund war für die Frau eine Herzensentscheidung. Die Kinder waren aus dem Haus und dementsprechend ruhig war es in demselben geworden. Zu ruhig. Wie aufregend, dass man durch Sammy jetzt viele wunderschöne neue Erfahrungen machen konnte. Sammys Frauchen machte gerade die Erfahrung, dass sie sich keinen halben Meter von ihrem Vierbeiner entfernen konnte. »Sammy, sitz! So ist fein, super, so, Sammy, und jetzt bleib, bleib, bleiiiiiiib …« Aber Sammy wollte nicht blei-

»Was quatscht der da?« Hunde können den Sinn hinter unseren Worten nicht begreifen. Sie achten daher auf ganz andere Sachen, zum Beispiel auf den Tonfall.

ben. Ständig ging sein kleiner Beagle-Popo in die Höhe – und wieder runter. Dabei sah ich förmlich, wie über seinem braun gefleckten Hundekopf ein großes Fragezeichen aufploppte. »Was willst du von mir?«, schien er verzweifelt zu denken. »Du sagst mir: Bleib, aber dein Herz will, dass ich zu dir komme.«

Sammy war genauso hin- und hergerissen wie sein Frauchen. Ihren geliebten Hund einfach mal auf Abstand zu bringen, selbst für so kurze Zeit, war für sie kaum zu ertragen. Ich bat Sammys frustrierte »Mama«, alle Gedanken in ihrem Kopf abzuschalten. »Denken Sie jetzt einfach mal kurz an gar nichts«, forderte ich sie auf. Nach dieser kurzen Entspannungspause sollte sie sich dann bildlich vorstellen, dass Sammy ruhig sitzen blieb. Sie sollte sich einfach in diesen Moment fallen lassen – und dann, bevor sie sich von ihrem Hund entfernte, einmal kurz und klar das Wort »Bleib!« sagen. Und siehe da, plötzlich klappte die Übung. Sammy blieb ruhig sitzen, als hätte er nie etwas anderes gemacht, und freute sich am Ende über seine Belohnung.

Unsere Gedanken beeinflussen unsere Gefühle und unsere Gefühle beeinflussen unser Handeln. Damit durch richtige Kommunikation Bindung entstehen kann, müssen unsere Gedanken, unsere Gefühle und unser Handeln im Einklang miteinander stehen. Ach, schöner hätte es mein kleiner Buddha Gizmo auch nicht formulieren können.

Konsequente Ehrlichkeit

Gefühle sind es auch, die manchmal verhindern, dass etwas klappt, auch wenn wir immer konsequent sind. Konsequenz allein ist eben noch keine Garantie für Erfolg. Um unsere Fellnasen von etwas zu überzeugen, gehört schon etwas mehr dazu.

Gizmo und Khaleesi zum Beispiel dürfen, wie bereits erwähnt, ab und an zu uns aufs Bett. Sie dürfen aber nicht auf die Couch. Das akzeptieren sie – zumindest wenn wir zu Hause sind. Sitzen Matthias und ich im Wohnzimmer auf dem Sofa, machen sie keinerlei Anstalten, ein Plätzchen zu ergattern. Das funktioniert natürlich auch, weil wir extrem konsequent sind. Vor allem aber, weil wir es aus fester Überzeugung nicht wollen. Und genau das ist das Geheimnis. Die beiden spüren das und haben es akzeptiert. Es ist überhaupt kein Problem für sie. Alle sind zufrieden.

Das war jedoch nicht immer so. Bevor Khaleesi in unser Leben trat, durfte Gizmo durchaus auf der Couch rumliegen – und zwar wann immer es seiner durchlauchten Mopsigkeit behagte. Gib einem Mops den kleinen Finger und er frisst deine ganze Hand. Als Matthias und ich vor ein paar Jahren zusammenzogen, entschieden wir uns dazu, eine große, bequeme, coole Ledercouch anzuschaffen. Nur der Preis war weniger cool. Und als kurze Zeit später ein kleiner Labradorwelpe in unser frisch renoviertes Heim zog, mussten wir uns entscheiden: Beide Hunde auf die Couch, ja oder nein? Wir entschieden uns für Letzteres. Ich bewunderte Matthias, wie er mit ganz viel Einfühlungsvermögen und Konsequenz unserer kleinen Khaleesi beibrachte, dass das Sofa für sie Tabuzone war. Ich dagegen tat mich mit Gizmo viel schwerer. Obwohl ich ihm ab sofort Besuche auf der Couch verwehrte, tat er mir irgendwie leid. »Wir können doch dem armen Hund jetzt nicht auch noch seinen Lieblingsplatz wegnehmen. Sein Leben ist durch den kleinen Welpen doch sowieso gerade komplett aus den Fugen geraten«, ging es mir durch den Kopf. Das konnte nicht gut gehen. Und tatsächlich führte meine innere Zerrissenheit dazu, dass nach kurzer Zeit beide Fellnasen auf der teuren Couch rumturnten. Wir waren mit unserem Latein am Ende. »Was sollen wir machen«, fragten wir einen Profi. »Was sagt euch eure innere Stimme?«, lautete seine Gegenfrage. Ich wusste es nicht. Eigentlich wäre es schon toll gewesen, mit Gizmo auf der Couch zu kuscheln. Aber eigentlich sollte er ja nicht aufs Sofa, weil Khaleesi es sonst nicht lernte, dass sie nicht auf die Couch durfte. Eigentlich! Das war es. Hunde spüren dieses emotionale Ungleichgewicht. Was heißt eigentlich? Eigentlich verwirrt sie und sorgt für Verunsicherung. Klar, es ist wichtig, dem Hund konsequent zu vermitteln, dass er auf der Couch nicht erwünscht ist.

Aber viel wichtiger ist es, der festen Überzeugung zu sein, dass er dort nichts zu suchen hat. Auch ich musste damals in mich hineinhören und mich fragen, warum mir das bei Gizmo so schwerfiel. Die ehrliche Antwort darauf konnte ich mir nur selbst geben: Weil ich Regeln nicht mag. Ich kann mich nur schwer damit abfinden. Vielleicht gefiel es mir, wenn Gizmo die Regeln brach?

Ich musste mir eingestehen, dass mit dieser Einstellung keinem unserer Hunde geholfen war. »Es ist nichts dabei, Regeln einmal nicht zu befolgen. Aber es ist ungerecht, wenn es auf Kosten anderer geht«, schoss es mir durch den Kopf. Mit dieser Einsicht konnte ich auf einmal von ganzem Herzen zu unserer Entscheidung mit der Couch stehen. Ich brauchte kein falsches Mitleid mehr mit Gizmo zu haben. Ich war ehrlich zu mir selbst und strahlte das auch aus. Das spürte Gizmo und fand ab sofort, ohne Protest, sein Glück in einem bequemen Hundebett. Ist das nicht ein wunderschöner Gedanke: Hunde zeigen uns neue Wege auf. Sie lehren uns jeden Tag, auf unsere innere Stimme zu hören und ein Stück weit auch ehrlich zu uns selbst zu sein.

DER SPION UNTER MEINEM DACH

Haben Sie nicht auch schon mal gedacht, dass Hunde uns besser kennen als wir uns selbst? Das stimmt tatsächlich und liegt daran, dass unsere Fellnasen sehr stark von Instinkten und Intuition geleitet werden. Doch während Instinkte wie der Jagd-, der Sexual-, der Territorial- und der soziale Rudelinstinkt einem evolutionären Überlebensprogramm folgen, wächst die Intuition durch Erfahrungen, die sogar vererbt werden können. Ich stelle mir Intuition wie eine Bibliothek vor, nur dass darin nicht Bücher lagern, sondern Tausende und Abertausende komplexe Erinnerungen. Diese Erfahrungen sammeln Hunde jeden Tag – vor allem indem sie uns beobachten. Überall und ständig. Auch Gizmo und Khaleesi sind Meister ihres Faches. Sie spionieren mich regelrecht aus. Nicht die kleinste Kleinigkeit entgeht ihnen. Mit welcher Intensität öffne ich die Wohnungstüre und ist mein Gang heute eher schleppend oder forsch? Stecke ich den Autoschlüssel ein oder habe ich in der Küche die Schublade mit dem Hundefutter geöffnet? Wenn ich die Hunde zum Gassigehen fertig mache und Khaleesis Mantrailing-Geschirr auch nur etwas länger ansehe, setzt sie sich sofort aufgeregt und voller Erwartung vor die Wohnungstür. Gegen meine Meisterdetektive ist Sherlock Holmes echt ein Stümper.

Hunde empfangen rund um die Uhr unzählige Signale, die sie mit denjenigen Informationen abgleichen, die sie bisher gemacht haben. Je länger sie mit uns zusammenleben, desto enger und dichter wird das Netz an Informationen über die Menschen. Für unsere Fellnasen ist das überlebenswichtig, schließlich sind sie in vielerlei Hinsicht von uns abhängig und wollen auf jede Überraschung vorbereitet sein. Das ist Teil ihres natürlichen Arterhaltungstriebes. Sie haben gelernt: Jede unserer Aktionen ist mit einer Aktion verknüpft, die wieder mit einer Aktion verknüpft ist, die mit einer Aktion verknüpft ist … Erst durch diese kognitiven Fähigkeiten konnten Hunde sich überhaupt zu den engen Bindungspartnern entwickeln, die sie heute sind. Kein Wunder, dass wir oft den Eindruck haben, unsere Hunde wären die reinsten Hellseher.

Ich geh dann mal schlafen

Als ich vor vielen Jahren eine Woche bei meiner Oma verbrachte, fragte ich sie, um wie viel Uhr sie eigentlich ins Bett ginge. Sie antwortete, dass sie sich dabei immer an ihrer Boxerhündin Asta orientiere: »Keine Ahnung, die Asta ist meine Uhr. Wenn sie müde ist, geht sie schon mal ins Schlafzimmer vor. Ich komm' dann meistens ein paar Minuten später nach.« Tatsächlich wurde ich am nächsten Abend Zeuge dieses Phänomens. Kurz vor Mitternacht erhob sich die betagte Asta träge, streckte sich einmal genüsslich und tapste gemächlich die Treppen hinauf. Ein paar Minuten später verabschiedete sich auch meine Oma. »Die Asta ist auch schon müde, es wird Zeit. Schlaf gut, mein Schatz!« Und weg war sie.

Die nächsten Abende wohnte ich immer wieder dem gleichen Schauspiel bei. Aber, Überraschung: Es war ganz anders, als Oma sagte. Asta lebte schon mehr als zwölf Jahre bei ihr, und ja, sie war eine wirklich gute Beobachterin. Während der Fernsehabende hatte sie von ihrem Körbchen aus nicht nur einen perfekten Blick auf das Telefunken-Farbfernsehgerät, sondern auch auf den hochmodernen Fernsehsessel ihres Frauchens. Machte sich bei meiner Oma, sei es dem »abwechslungsreichen« TV-Programm oder ihrem hohen Alter geschuldet, Müdigkeit und Bettschwere breit, startete sie das immer gleiche Verhaltensmuster. Zuerst murmelte sie leise: »Ach, jeden Abend der gleiche Schmarrn, fällt denen nichts Besseres ein?« Dann steckte sie den Korken auf die Rieslingflasche, die auf dem kleinen Tischchen neben ihr stand. Ein paar Minuten später wurde der Fernsehsessel durch Betätigen eines kleinen, an der Seite angebrachten Hebels in eine aufrechtere Position gebracht. Und genau das war das Signal für Asta. Sie stand auf und ging ins Schlafzimmer.

Ich weiß nicht, wie lange Asta mit ihrer feinen Beobachtungsgabe und ihrer hündischen Kombinationsfähigkeit gebraucht hat, um zu erkennen, dass meine Oma müde und jeden Moment im Begriff war, ins Bett zu gehen. Aber seitdem war ihr Timing perfekt: Sie spazierte einfach schon mal voraus, um sich ein bequemes Plätzchen in Omas Bett zu sichern.

»MAN KANN EINEM HUND
AUCH DURCH ECHTEN
KÖRPEREINSATZ ›SAGEN‹,
DASS MAN IHN LIEBT.«

KOMMUNIKATIONSPRAXIS

Hunde und Menschen kommunizieren völlig unterschiedlich.
Während wir quatschen, benutzen Hunde ihre Körpersprache.
Das macht das Miteinander manchmal kompliziert, obwohl es das
eigentlich gar nicht ist. Wir müssten nur mal die Seiten wechseln.

Normalerweise vermenschlichen wir Hunde im Zusammenleben eher (siehe Seite 33), dabei müssten wir eigentlich nur unser Denken und Verhalten »verhundlichen« und die Welt mit Hundeaugen sehen. Mit einem Hundeherzen fühlen. Doch wie geht das?

LEKTION 1: LERNEN SIE, VERSTEHEND ZU BEOBACHTEN

Wer die Hundesprache lernen will, muss vor allem eins: Selbst zum Beobachter werden. Was macht der Hund in bestimmten Situationen? Wie verhält er sich wann? Sie werden, wenn Sie genauer hinsehen, vermutlich schnell feststellen, dass bestimmte Verhaltensweisen, Gesten und Bewegungen immer wiederkehren. Das kann man sich einprägen.

Am einfachsten ist es, auf die Rute, den Kopf, die Ohren und die Körperhaltung zu achten. Man erkennt dann zum Beispiel recht schnell, dass Schwanzwedeln nicht gleich Schwanzwedeln ist. Sondern dass es mal Freude ausdrücken, mal ein Zeichen der Aufgeregtheit sein kann. Oder dass ein Hund, der die Ohren nach hinten klappt, sich definitiv nicht wohlfühlt oder Angst hat. Kleinigkeiten zu beobachten und zu wissen, was sie bedeuten, hilft. Wir reagieren dann nämlich viel eher richtig und das merkt der Hund. Das wiederum ist gut für die Bindung.

Hunde zeigen uns sehr klar und deutlich, was sie fühlen oder wollen. Sie können ihre Emotionen nicht unterdrücken. Jeder kann sie sehen. Wenn ein Hund sich aufregt, stellen sich seine Haare auf. Wenn er Angst hat, klappt die Rute nach unten. Hunde müssen immer ehrlich sein, sie können nicht anders. Das ist ganz schön anstrengend, besonders wenn wir diese Ehrlichkeit nicht zu schätzen wissen und nicht entsprechend darauf reagieren.

Menschen dagegen können lügen. Auf die Frage »Wie geht's dir?«, antworten wir: »Gut!« Niemand, der uns nicht wirklich kennt, merkt, wie es uns tatsächlich geht. Unser Hund jedoch weiß genau, ob wir es mit dem Lob oder der Freude ernst meinen oder nicht. Auf unsere verstellte Stimme und ein vorgetäuschtes Lächeln fällt er nicht herein.

Als Hundeneuling sagte man mir, dass ich mich immer freuen müsste, wenn mein Hund den Rückruf befolge – egal, wie lang er dafür bräuchte. Und wenn ich hundertmal rufen und gefühlte Stunden warten müsste, bis er endlich reagiert: Ich sollte mich freuen und ihn fröhlich loben, wenn er es tut. Nur so würde mein Hund lernen, dass es etwas Gutes ist, wenn er zu mir zurückkommt. Naiv wie ich damals war, befolgte ich den Rat. Mir leuchtete ein, dass Gizmo das nächste Mal nicht schneller kommen würde, wenn er wieder ein Donnerwetter befürchten müsste. Also säuselte ich ihm vor, was das Zeug hielt, wie toll er doch war. Innerlich aber kochte ich über vor Wut über meinen eigensinnigen Mops, der mir mal wieder auf der Nase herumtanzte. Dass Gizmo deswegen aber beim nächsten Mal schneller kam? Fehlanzeige! Genauso wenig wie beim übernächsten Mal. Wie auch? Heute weiß ich, dass ihn mein Verhalten extrem verunsichert haben muss. Dieser »Superdetektiv« konnte meine Wut ja spüren. Und die passte so gar nicht zu dem, was er hörte.

Unklare Kommunikation stiftet Verwirrung und wirkt dadurch extrem bindungsschwächend. Hunde wollen klare Menschen und klare Ansagen. Deshalb drehe ich mich heute lieber kommentarlos um und gehe, wenn Gizmo mich wieder warten lässt. Besser ehrlich sauer sein als falsch freundlich.

LEKTION 2: DENKEN UND KOMMUNIZIEREN SIE IN DER GEGENWART

Ich erinnere mich an einen jungen Dobermann. Hasso. Er trug, wie es sich in den Augen seines Herrchens für einen Rüden seines Schlags gehörte, ein glänzendes Kettenhalsband. Ein Brustgeschirr? Das ist doch nur für Weicheier und sieht auch noch bescheuert aus. So ein Dobermann soll was hermachen und wie ein teures Auto das Selbstbewusstsein aufpolieren. Gerade mal 18 Wochen alt war Hasso und sein Besitzer hatte sich bisher weder die Mühe gemacht noch die Geduld mitgebracht, mit dem jungen Hund das entspannte Laufen an einer Leine zu üben. Hasso zerrte und zog oft wegen jeder Kleinigkeit. Verständlich, denn für einen jungen Hund ist fast alles neu und unbekannt. Und so wollte auch Hasso überall hin, um alles mindestens einmal zu beschnuppern und zu analysieren. Sein Herrchen aber war ein Disziplin liebender Ordnungsmensch – außer natürlich beim Leinentraining.

Die Hals- und Nackenmuskulatur ist bei jungen Hunden mit einem halben Jahr noch nicht komplett ausgebildet. Sie bietet der Halswirbelsäule nur unzureichend Schutz vor kompressiven Einwirkungen, wie Schlägen, Stößen oder zu starkem, ruckartigem Zug. Wichtige Nervenverbindungen und Blutgefäße führen unter den Muskeln direkt zum Kopf und Gehirn des jungen Hundes. Hasso hatte sich mehr oder weniger schon an das unangenehme Gefühl am Hals gewöhnt. Er hatte zwar nicht herausgefunden, warum es ihm manchmal so heftig die Luft abschnürte, wusste aber, dass es sich extrem unangenehm anfühlte. Als eines Tages ein Junge auf seinem Longboard an ihm vorbeibretterte, erschrak sich der junge Dobermann und sprang bellend mit seinem vollem Körpergewicht nach vorne. Nur mit letzter Kraft konnte ihn sein Herrchen zurückzerren. Hasso wurde kurz schwarz vor Augen. Sein Hals schmerzte höllisch, seine Ohren klangen und in seiner ganzen Erregung drehte er sich panisch um die eigene Achse.

»IN SACHEN EHRLICHKEIT SIND UNS HUNDE WEIT VORAUS. SIE KÖNNEN NÄMLICH GAR NICHT LÜGEN.«

Dieser eine kurze Moment hatte Hasso genügt, ein »Foto« von der Situation abzuspeichern. Auf ihm waren der Schmerz, die Panik und der Auslöser dafür zu erkennen: ein Junge mit Skateboard. Denn Hunde denken assoziativ. Sie verknüpfen immer Erlebnis, Ort und Zeitpunkt des Geschehens. In Hassos Fall führte das zu einer klassischen Fehlverknüpfung. Er hielt ab sofort ständig nach Jungen auf Skateboards Ausschau, dier er dann ankläffte und denen er nachjagen wollte, damit sich der unangenehme Schmerz nicht wiederholte.

Dieses Beispiel zeigt einmal mehr, wie unterschiedlich Hunde und Menschen die Welt wahrnehmen. Hunde erleben Situationen oder Dinge oft viel komplexer als wir. Und sie denken und fühlen dabei immer nur im Moment. Umso wichtiger ist es, die Welt ab und an durch Hundeaugen zu sehen – um entsprechend reagieren zu können. So fällt es Ihnen auch viel leichter, ganz auf den Moment bezogen mit Ihrer Fellnase zu kommunizieren. Und zwar so, dass die Sie auch versteht. Gewalt und herrisches Schimpfen, wie es auch Hassos Herrchens Art war, fördern das Verständnis füreinander hingegen nicht gerade. Und natürlich auch nicht die Bindung.

LEKTION 3: DER TON MACHT DIE MUSIK

Wenn wir mit einem Hund kommunizieren und Kontakt zu ihm aufnehmen, sollten wir grundsätzlich ruhig und gelassen sein. Dann haben wir eine positive Ausstrahlung, die der Hund spürt und die ihn »öffnet«. Genauso reagieren Hunde leichter auf eine helle und freundliche Stimme. Natürlich bin auch ich schon mal ausgerastet und habe meine Hunde angeschrien. Ich wusste mir einfach nicht mehr zu helfen. Gebracht hat es aber eigentlich nicht viel. Völlig verängstigt haben mich beide angesehen und kamen dann mit eingezogener Rute zu mir gelaufen.

Seinen Hund anzuschreien ist absolut unnötig. Zum einen hört er tausendmal feiner als wir, weswegen wir uns mit dem Geplärr nur lächerlich machen. Zum anderen spürt ein Hund unsere Erregung und unsere Stimmung bereits lange bevor wir verbal ausrasten. Nur zögerlich und unter Vorbehalt wird er daher zu uns kommen. Mit einem ängstlichen Gefühl: »Was wird als Nächstes passieren?« Unter Umständen kann er unsere aggressive Stimmung seinem eigenen Verhalten gar nicht zuordnen (Verknüpfung). Erinnern Sie sich an das flaue Gefühl in der Magengegend, wenn die Eltern mit scharfem Ton nach einem riefen? »Oje, was hab ich denn jetzt schon wieder ausgefressen«, habe ich damals sofort gedacht.

Ein Hund ist kein Roboter. Wenn wir mit ihm herumschreien, ist das ein eindeutiges Zeichen, dass wir (!) vorher versagt haben. Wir haben entweder nicht vorausschauend agiert, eine Gefahr unterschätzt, zu spät reagiert oder einfach mal wieder am Smartphone rumgewischt. Vielleicht waren wir aber auch nur zu bequem, einen sicheren Rückruf einzuüben.

Der Verzicht auf Schreien sollte Grundeinstellung sein. Das ist für mich eine Frage des Prinzips. Schließlich möchte ich mit meinen Hunden eine entspannte, respektvolle Kommunikation, die nichts mit dem Drill und dem dominanten Verhalten früherer Hundesportvereine gemein hat. Aggressives Schreien und schroffes Herumkommandieren schädigt die Bindung. Wenn wir aufmerksam sind, Bedürfnisse erkennen und verbindlich kommunizieren, achtet der Hund von sich aus automatisch besser auf uns. Und diese Achtsamkeit fließt auch in die Erziehung ein.

LEKTION 4: WENIGER WORTE, MEHR KÖRPERSPRACHE

Bandwurmsätze wie: »Komm jetzt, geh einfach schnell da rein, ja komm, gehst du, in Kofferraum, ja komm, hopp, hoppa, schnell, mein Schatz!« sind für jeden Hund eine Herausforderung. Hunde können zwar lernen, einfache Wörter mit Aktionen zu verbinden. Hier aber muss er aus einem wahren Redeschwall unsere Absicht herausfiltern: dass er in den Kofferraum steigen soll. Das ist für ihn viel schwieriger, als eine kurze und einladende Geste zu verstehen, die ihm auf Augenhöhe einfach die Richtung anzeigt. Wollen Sie Ihrem Hund etwas wirklich Wichtiges mitteilen, sollten Sie sich kurz fassen. Benutzen Sie möglichst wenige Wörter. Sprechen Sie klar und fuchteln Sie nicht mit Ihren Händen vor seinen Augen herum. Was immer hilft: eine einladende Geste. Darauf springen fast alle Hunde sehr gut an.

»FREUNDLICH, KNAPP UND KÖRPERLICH ›EINLADEND‹ – SO SIEHT KOMMUNIKATION AUF AUGENHÖHE AUS.«

Denk es, fühl es, sag es

Hunde haben Antennen für unsere Gefühle. Wir können sie nicht täuschen. Deshalb liegt es an uns, in der Kommunikation mit ihnen authentisch zu sein. Einfach wir selbst zu sein. Nur wenn wir hundertprozentig hinter dem stehen, was wir von unseren Fellnasen erwarten, werden sie uns diesen Wunsch erfüllen. In einer vereinfachten Formel zusammengefasst, bedeutet das: Denk es, fühl es, sag es. Dann kann es der Hund auch machen. Und durch diese Art gefühlte, klare Kommunikation kann Bindung wachsen (siehe auch Seite 132).

LEKTION 5:
KOMMUNIKATION AUF AUGENHÖHE

Die einfachsten Benimmregel für eine lockere Mensch-Hund- Kommunikation lautet: Kommunizieren Sie auf Augenhöhe. Stellen Sie sich doch nur mal vor, Ihre Partnerin oder Ihr Partner würde die ganze Zeit auf Stelzen neben Ihnen herlaufen und immer in den Himmel reden. Egal wer und wo Sie sind, müssten Sie immer steil nach oben blicken, um etwas von dem mitzubekommen, was sie oder er sagt. Das ist doch anstrengend. Hunden geht es genauso – noch dazu weil sie ja vielmehr über Gestik und Mimik kommunizieren. Dazu müssen sie uns sehen. Gerade die Kleinen leiden dann oft an Halsstarre und kriegen häufig einfach nicht mit, was um sie herum passiert.

»HÖFLICHE GRUSSFORMEL? AUF AUGENHÖHE UND ZURÜCKHALTEND.«

Für Hunde ist alles, was sich klein macht, auch freundlich. Das kann man jeden Tag beim Gassigehen beobachten. Viele Hunde legen sich erst einmal hin, wenn ein fremder Artgenosse auf sie zuläuft. Sie machen sich klein und zeigen ihrem Gegenüber so, dass keine Gefahr droht. Hey, ich bin freundlich. Hunde benehmen sich eben von Natur aus gut. In dieser Hinsicht können wir echt von ihnen lernen. Für den Anfang bringt es schon viel, einfach so oft wie möglich in die Hocke zu gehen und auf Augenhöhe mit dem Hund zu sein.

Was ich dagegen niemandem empfehle: sich von oben herab über einen fremden Hund zu beugen. Das wirkt auf ihn nämlich überaus bedrohlich. Die ganze Atmosphäre ist sofort angespannt. Erinnern Sie sich nur an meine Tante Rosel mit dem Bienenkorb auf dem Kopf. Viel besser ist es, wenn der Hund den ersten Schritt machen darf. Er soll entscheiden, ob und wann er Kontakt aufnehmen möchte. Wenn er keinen Bock hat? Pech gehabt, das muss man dann eben akzeptieren. Auch Hunde haben mal einen schlechten Tag und sind mies drauf. Das muss nichts mit uns zu tun haben.

Hunden, die man nicht gut kennt, sollte man auch nie direkt in die Augen starren. Das ist in Hundesprache in etwa so frech wie unter Menschen der ausgestreckte Mittelfinger. Höfliche Hunde weichen unserem starrenden Blick zwar automatisch aus. Weniger gut sozialisierte jedoch, die mit einer kurzen »Zündschnur« und einem »turbulenten« Lebenslauf, zögern nicht, blitzschnell nach vorne zu gehen und zu schnappen. Unter Menschen gibt es dieses Verhalten ja auch: »Ey, was guckst du, willst du Schelle?« Darauf sollte man es lieber nicht ankommen lassen, besonders wenn man nicht sicher ist, wen man vor sich hat. Ich persönlich ignoriere Hunde immer erst einmal für einen Augenblick und rede nur mit ihren Besitzern. Die Neugierde überwiegt bei den meisten Vierbeinern zum Glück schnell. Schließlich wollen sie ja wissen, warum sich Frauchen oder Herrchen mit mir versteht. Erst wenn der Hund von sich aus Kontakt aufnimmt, zum Beispiel durch Schnüffeln oder eine Berührung, mache ich den nächsten Schritt und spreche ihn freundlich an.

Was bei fremden Hunden Provokation bedeutet, ist in unserer eigenen, vertrauten Mensch-Hund-Beziehung beim Kommunizieren dagegen sehr wichtig: Blickkontakt stärkt die Bindung. Unsere Vierbeiner achten, wenn wir mit ihnen sprechen, ständig auf unsere Mimik und unseren Gesichtsausdruck. Das hilft ihnen, aus unseren Gesten und Worten möglichst genau das herauszufiltern, was wir meinen. Der tiefe Blick in unseren Augen ist die direkte Verbindung zu unseren Emotionen. Das funktioniert übrigens auch in umgekehrter Richtung. Jeder kennt das Gefühl tiefen Vertrauens, Zufriedenheit und Glücks, das uns durchströmt, wenn wir in die Augen unsere Fellnasen blicken und uns in ihrer Seele verlieren. Ich auf jeden Fall spüre in diesen Momenten immer ganz fest, dass wir zusammengehören.

Es heißt ja, die Augen seien die Fenster zur Seele. Tatsächlich spüre ich, wenn ich meinen Hunden in die Augen schaue, unsere tiefe Verbundenheit.

JOSÉ ARCE
MENSCH·HUND·THERAPEUT

ARTGERECHT KOMMUNIZIEREN

JOCHEN BENDEL: Viele Leute sind der Meinung, dass ihre Hunde ganz genau verstehen, was sie ihnen sagen beziehungsweise von ihnen wollen, was aber ganz offensichtlich ja nicht der Fall ist. Was ist denn der größte Fehler, den wir machen können, wenn wir mit Hunden kommunizieren?

JOSÉ ARCE: Vermutlich der, dass wir viel zu oft auf »menschliche« Art mit ihnen kommunizieren, ohne auf ihre Instinkte zu hören und ihre Natur zu erkennen. Auch wenn Hunde uns in vielen Dingen ähnlich sind, dürfen wir nicht einfach unsere eigenen Wünsche auf sie projizieren und erwarten, dass sie reagieren, wie ein Mensch es tun würde. Genauso machen wir andersherum oft den Fehler, ihr Verhalten nach unseren menschlichen Kriterien zu bewerten.

JB: Und worauf achten Hunde nun?

JA: Hunde bekommen von unserer Welt, und damit auch von uns, viel mehr mit, als wir denken. Im Gegensatz zu uns verstehen Hunde unsere Signale, unsere Stimme und Mimik bis ins Feinste zu deuten. Am wichtigsten aber ist, dass sie auch wahrnehmen, ob wir uns gerade sicher oder unsicher fühlen, ob wir aufgeregt sind oder ruhig, glücklich oder traurig … Wir dagegen achten kaum mehr auf diese Zeichen und Gefühle. Deswegen sind wir oft nicht ehrlich zu uns – und dadurch kommt es zu Missverständnissen in der Mensch-Hund-Kommunikation. Wir sprechen und handeln dann nämlich meist anders, als wir uns eigentlich fühlen, und das verunsichert den Hund.

JB: Was können wir denn anders machen, damit unsere Fellnasen besser verstehen, was wir von ihnen erwarten?

JA: Allzu oft behandeln wir unsere Hunde wie Menschen, was ja verständlich ist, denn sie gehören schließlich zu unserer Familie. Allerdings kann es auch zu

Wer die Welt auch mal aus den Augen des Hundes betrachtet, versteht besser, was die Fellnase bewegt und was sie von uns braucht.

Problemen kommen, wenn wir vergessen, dass unsere vierbeinigen Familienmitglieder eben keine Menschen, sondern immer noch Hunde sind. Im Umgang mit unseren Hunden läuft vieles besser, wenn wir den Hund als Teil der Natur sehen und einen artgerechten Zugang zu ihm finden. Der Lohn dafür ist ein harmonisches Miteinander.

JB: Kannst du ein paar ganz konkrete Beispiele nennen?
JA: Zuallererst müssen wir anfangen, ehrlich zu uns selbst zu sein. Wir dürfen unsere Gefühle nicht verstecken und müssen spüren, wann wir Ruhe und Sicherheit ausstrahlen – oder eben nicht. Und dann daran arbeiten, dass sich das ändert. Es ist eigentlich ganz einfach: Wenn wir die Natur unseres Hundes richtig erkennen und respektieren, finden wir auch zu unseren eigenen Instinkten zurück. Wir finden einen anderen Zugang zur Natur und kommen so nicht nur unseren Hunden, sondern auch uns selbst näher. Dadurch wiederum verstehen uns unsere Hunde viel besser. Das macht nicht nur die Kommunikation, sondern auch die Erziehung viel einfacher.

JB: Wirkt sich das auch positiv auf die Bindung aus?
JA: Natürlich! Das Wichtigste für jeden Hund ist die Beziehung zum Menschen. Sie ist noch wichtiger als der Kontakt zu anderen Hunden. Wir sind seine Familie. Hunde wissen von Natur aus, dass der Mensch die Verantwortung und Liebe für sie trägt. Wenn wir das erkennen, haben wir bereits die beste Voraussetzung für eine harmonische Bindung zu unserem Hund geschaffen. Die größte Quälerei für einen Hund ist, ohne Menschen zu leben. Wenn er sich dagegen bei uns sicher fühlt, schenkt er uns seine ganze Liebe.

5. SÄULE: GEMEINSAMES ERLEBEN

FÜR UNSERE FELLNASEN SIND WIR ALLES, UND NICHTS LIEBEN SIE MEHR, ALS AN UNSERER SEITE »ABENTEUER« ZU ERLEBEN. DAS MACHT ABER NICHT NUR SPASS, SONDERN SCHWEISST UNS AUCH RICHTIG ZUSAMMEN.

JEDEN TAG AUFS NEUE!

Hunde leben nur im Hier und Jetzt. Diesen Spruch haben Sie bestimmt auch schon mal irgendwo gehört oder gelesen. Klingt entspannt, irgendwie nach Yoga, einem guten Bewusstsein und mehr Achtsamkeit – Dinge, von denen wir uns auch gern ein Scheibchen abschneiden würden. Aber was bedeutet der Satz eigentlich wirklich für die Mensch-Hund-Beziehung?

Wir werden heute oft von Hektik getrieben und vom stressigen Alltag aufgerieben. Wir werden beherrscht von der Sorge um das, was morgen passiert. Unsere Hunde sind frei von solchen Zwängen. Die Vorstellung, wie sie im Hier und Jetzt zu leben, zeugt daher auch von der Sehnsucht, uns aus diesem Gedankengefängnis zu befreien. Dabei geht das eigentlich ganz leicht, zum Beispiel indem wir die kleinen Aufmerksamkeiten des Lebens genießen und dafür dankbar sind. Wie oft sagen wir einem Menschen, der unser Leben kreuzt, einfach mal »Danke«? Und wenn wir es sagen: Wie gut fühlt sich das dann an? Dieses kleine Wort kann den Moment im Handumdrehen ins Positive verändern. Für beide!

»DAS WUNDER DER BINDUNG ZEIGT SICH IN JEDEM SCHÖNEN MOMENT AUFS NEUE.«

Als es mir einmal echt schlecht ging, ich traurig und wirklich am Boden war, gab mir ein guter Freund einen fast schon weisen Rat: »Dein Leben ist wie eine wunderschöne Perlenkette. Du siehst keinen Anfang und kein Ende. Jedes Ereignis, jeder noch so kurze Abschnitt in deinem Leben ist eine dieser Perlen. Und wenn du eine dieser Perlen durch deine Finger gleiten lässt, spürst du bereits die nächste. Perle an Perle reiht sich aneinander. Stell dir so dein Leben vor.« Durch diesen

Freund habe ich gelernt, dass im Moment zu leben hilft, entspannter mit der Vergangenheit umzugehen. Nicht ständig zornig, enttäuscht oder mit Wehmut zurückzublicken. Der Weg reicht völlig aus, wir müssen nicht immer ein großes Ziel im Kopf haben, dem wir hinterherhecheln. Wie bei der Perlenkette folgt auf jeden Moment, auf jeden Tag und auf jeden Abschnitt unseres Lebens ein neuer. Mit diesem Bewusstsein können wir ohne Angst und Sorge im Hier und Jetzt leben.

Auch wenn wir sagen, dass Hunde im Hier und Jetzt leben, heißt das nicht, dass sie wie Bill Murray in dem Film »Und täglich grüßt das Murmeltier« jeden Tag ein und dasselbe immer wieder aufs Neue erleben. Dass sie Erlerntes gleich wieder vergessen und wir deshalb immer wieder von vorne anfangen müssen. Es heißt vielmehr, dass sie bei allem, was sie tun, immer ganz bei sich sind. Sie leben nur in diesem einen Moment. Dadurch verfügen sie über die Fähigkeit, sich jederzeit voll und ganz auf neue Lebenssituationen einstellen zu können. Weil sie uns Menschen immer wieder eine Chance geben. Und weil sie bis an ihr Lebensende bereit und offen sind zu lernen. Diese Bereitschaft, gemeinsam mit uns neue Dinge zu erleben, ist eine tolle Chance, immer wieder an unserer Bindung zu arbeiten. Wir sollten sie unbedingt nutzen!

> »HUNDE VERGESSEN NICHTS. ABER SIE GEBEN UNS JEDEN MOMENT EINE NEUE CHANCE.«

Obwohl der Aspekt des gemeinsamen Erlebens in diesem Buch als fünfte Säule quasi an letzter Stelle steht, ist er in meinen Augen doch der eigentliche Schlüssel zu einer guten und dauerhaften Bindung. Denn selbst wenn wir es nicht immer schaffen, Sicherheit zu geben, Rituale zu schaffen, verständnisvoll zu sein oder verantwortlich zu handeln – wir sind eben auch nur Menschen: Durch gemeinsame Erlebnisse können wir unseren Hund abholen. Gemeinsam Erfolge zu feiern, egal wie groß oder klein sie auch sein mögen, sinnvolle Dinge zu erleben und uns dabei als Team zu fühlen verbindet. In jedem dieser Momente entsteht das »Wunder der Bindung«.

VON ANFANG AN DA SEIN

Wir können gar nicht früh genug damit anfangen, Bindung aufzubauen. Mit etwa zehn Wochen müssen sich die meisten Welpen von ihrem Zuhause verabschieden. Genossen sie eben noch mit ihren Wurfgeschwistern und der Mama die Geborgenheit des Welpennests, sind sie von einem Moment auf den anderen auf ihre neuen Bezugsmenschen angewiesen. Schon am Tag des Umzugs prasseln unzählige neue Eindrücke auf den kleinen Hund ein, die er

Gizmo ist es vermut-lich egal, was für ein Schiff da vorbeizieht. Aber er genießt es, wenn wir so intensiv Zeit miteinander ver-bringen wie hier.

erst einmal alle verarbeiten muss. Glücklicherweise sind sich Hunde und Men-schenbabys in einer Sache sehr ähnlich: Sie brauchen noch viel Schlaf – Wel-pen teilweise über 20 Stunden täglich. Das ist eine Menge, aber nötig, um alle neuen Eindrücke zu verarbeiten. In den ersten Wochen sollte man seinem kleinen Hund also jede Menge Ruhezeiten gönnen und ihn nicht zu sehr mit allen möglichen Reizen überfordern. Sonst geht es einem schnell wie Evelyn und Karl mit ihrem kleinen Frido (siehe Seite 103 f.).

Vom Glück, Hundeeltern zu sein

Zugegeben, die ersten Wochen mit einem Welpen sind hart. Genauso an-strengend wie mit einem Säugling. Der schläft viel und macht dauernd Pipi-kacka. Erfordert ständige Aufmerksamkeit. Man bekommt wenig Schlaf und steht rund um die Uhr unter Strom. Eltern sein geht einfach an die Substanz.

Bei Welpen ist es ähnlich, nur dass sie mit acht bis zehn Wochen schon wesentlich aktiver und umtriebiger sind als Menschenbabys. Welpen verfol-gen einen auf Schritt und Tritt und drehen unwahrscheinlich schnell hoch. Wer seine Hunde artgerecht großzieht, muss daher wirklich ständig lauern und beobachten, zum Beispiel ob er sein Geschäft verrichten muss. Um notfalls blitzschnell zu reagieren. Nach dem Essen, nach dem Spielen, wenn Besuch kommt und überhaupt immer, wenn sich der Welpe aufregt, geht es raus zum

Pinkeln. Und auch sonst etwa alle zwei Stunden. In den ersten Tagen und Wochen sind »Hundeeltern« in ständiger Alarmbereitschaft. Es könnte ja irgendwas passieren. Spätestens nach einer Woche liegen die Nerven blank. Als Khaleesi mit zehn Wochen bei uns einzog, kam meine Freundin Nicola zeitgleich mit ihrem neugeborenen Sohn aus der Klinik. Nach einer Woche hatten wir eine Telefonstandleitung eingerichtet. »Wie viele Stunden hat er geschlafen?« »Und die Verdauung, wie sieht's da aus?« »Kommst du mit dem Füttern hinterher?« »Hat die Kleine wieder alles vollgekackert?« Uns zuzuhören war wirklich zum Brüllen komisch. Aber es gab einfach so viele Parallelen.

Trotz aller Anstrengungen möchten Matthias und ich diese intensive Welpenzeit nicht missen. Und ich kann an dieser Stelle nur allen »echten« Mamas und Papas meine Bewunderung aussprechen. Wir bekamen einen kleinen Vorgeschmack darauf, was es wirklich bedeutet, ein Baby großzuziehen.

Wie alle Welpen brauchte auch Khaleesi anfangs eine Rundum-Betreuung. Und obwohl es hier so aussieht, war Gizmo daran eher selten interessiert.

Welpenspielstunde – die ersten gemeinsamen Abenteuer

Nach ein paar Tagen der ruhigen und entspannten Eingewöhnung ist dann die Zeit gekommen, gemeinsam eine Welpenspielstunde zu besuchen und die kleine Fellnase in die wichtige Phase ihrer Sozialisierung zu begleiten. In der Welpenspielstunde geht es, vereinfacht gesagt, ums kontrollierte Toben und Spielen. Kontrolliert bedeutet, dass erfahrene und ausgebildete Hundetrainer das Spielen überwachen und eingreifen, wenn ein Welpe eindeutige Zeichen von Überforderung zeigt. Woran man eine gute Truppe erkennt? Aus eigener Erfahrung weiß ich, dass ein Trainer höchstens fünf bis sechs dieser kleinen, kugelblitzschnellen Rabauken im Auge haben kann. Außerdem müssen die Spielgruppen nach Größe, Alter und Temperament der Welpen zusammengestellt werden.

Beim gemeinsamen Herumtoben nehmen die Welpen unterschiedliche Rollen ein und üben dadurch ihr angeborenes Ausdrucksverhalten. Jeder ist mal Sieger und Verlierer, alle zeigen dominantes und unterwürfiges Verhalten. Auch Verhaltensweisen, die für die spätere Kommunikation wichtig sind, werden spielerisch ausgedrückt und verstanden, etwa Aggression und Beschwichtigung. Dabei kann es schon mal recht rau zugehen. Wenn Sie allerdings in einer Welpenspielgruppe den Satz »Das müssen die unter sich klären, wir schauen nur zu« hören, sollten Sie sich sofort Ihren Welpen packen und das Weite suchen. Sinn und Zweck einer Welpenspielstunde ist, dass die Kleinen wichtiges Kommunikationsverhalten lernen, ihre Grenzen austesten und dabei auch noch üben, mit Frustration umzugehen. Und all das muss von uns »Erwachsenen« überwacht und gesteuert werden. Nichts ist für einen Welpen schlimmer, als komplett überfordert und schutzlos seiner Angst ausgeliefert zu sein. Welpen sollen lernen, ihre eigenen Kräfte einzuschätzen, und gleichzeitig spüren, dass sie von ihrem Bindungspartner nicht im Stich gelassen werden. Das ist außerordentlich wichtig, damit sich Bindung entwickeln kann.

»GUTE GEMEINSAME ERLEBNISSE MACHEN SPASS UND ZEIGEN DER FELLNASE: ICH BIN DEIN SICHERER HAFEN.«

Ich sehe meine Welpenspielstunden immer so ein bisschen wie die Krabbelgruppe auf dem Spielplatz. Die Kleinen sitzen zusammen im Sandkasten und haben Spaß, die Eltern schauen vom Rand aus zu. Wenn es einem Kind irgendwann zu viel wird und es beginnt, einem anderen das Sandschäufelchen über den Kopf zu ziehen, ist das Geschrei plötzlich groß. Keine Mutter, kein Vater auf der Welt würde in so einem Moment tatenlos rumstehen und sagen: »Das müssen die schon unter sich klären.« Genauso muss Welpenspiel vorsichtig und kontrolliert ablaufen – auch und vor allem, um spätere unerwünschte Reaktionen beim erwachsenen Hund zu vermeiden. Denn alles, was Welpen in ihrer Sozialisierungsphase stark ängstigt und überfordert, kann einen bleibenden Eindruck hinterlassen. Nur wenn ein junger Hund seine Erfahrungen in einem sicheren Umfeld machen kann, helfen sie ihm später im Umgang mit seinen Artgenossen.

Wir müssen als Bindungspartner für unseren Hund ein »sicherer Hafen« sein. Denn das ermöglicht es ihm, zu einer stabilen Persönlichkeit heranzuwachsen, die leichter dazu bereit ist, Neues zu entdecken, zu lernen und mit anderen Individuen zu kommunizieren. Als frischgebackene »Hundeeltern« haben wir in der Welpenspielstunde das erste Mal die Möglichkeit, dem jungen Hund genau dieses Gefühl der Sicherheit zu schenken.

Für einen Mops kann schon so ein Stämmchen ein gewaltiges Hindernis sein. Doch wenn er gelernt hat, seine Unsicherheit zu überwinden, gibt es kein Halten mehr.

Sicherheit schenken

Fast jeder, der mit seinem jungen Hund in die Welpenspielstunde kommt, ist in allererster Linie glücklich, dass sein kuscheliger, kleine Drache mal für eine Stunde »weggeräumt« ist und andere die Überwachung übernehmen. Trotzdem ist es wichtig, den Hund nicht einfach sich selbst zu überlassen, sondern die Zeit zu nutzen, um ihn einmal genauer zu beobachten. Natürlich auch, weil die lieben Kleinen einfach zu putzig sind. Vor allem aber, weil man dabei eine Menge über das Ausdrucksverhalten seines Welpen erfährt und ihn so viel besser kennenlernt.

»WER SICH VON ANFANG AN AUFEINANDER EINLÄSST, SCHAFFT EIN SOLIDES FUNDAMENT FÜR DIE BINDUNG.«

Dazu kommt, dass so eine Spielstunde für jeden Welpen sehr anstrengend ist. Die Kleinen sind schnell erschöpft oder mit der Situation überfordert – viel schneller, als wir »Großen« oft denken. Sie suchen dann förmlich den Blick ihrer »Eltern«. Das ist der perfekte Moment um Bindung aufzubauen – und viel zu schade, um ihn zu verpassen, nur weil man zum Beispiel gerade lieber sein Facebook-Profil checkt oder schnell noch eine E-Mail an die Kollegen schreibt. Wer stattdessen jetzt runter in die Hocke geht und sein »Baby« schützend zu sich nimmt, um ihm eine Atempause zu ermöglichen, signalisiert ihm: »Ich bin in jeder Situation für dich da. Ich pass auf dich auf. Bei mir bist du ganz und gar sicher.«

Gemeinsam Herausforderungen suchen

Es ist schon recht früh möglich, an der Bindung zu arbeiten und sie wie eine Pflanze durch kleine, fast unsichtbare Gesten zum Wachsen zu bringen. Nur auf der Wiese herumzutoben und übereinanderzupurzeln ist selbst für den wildesten Welpen auf Dauer langweilig. Daher ist es gut, wenn eine Welpenspielstunde die Möglichkeit bietet, noch andere Erfahrungen zu sammeln. Bisher unbekannte Untergründe, wie schiefe oder bewegbare Ebenen zum Beispiel sind für Welpen eine echte Herausforderung. Zum ersten Mal im Leben ein improvisiertes Bällebad zu erforschen, ist ein großes Abenteuer – und braucht Mut und Vertrauen. Wenn wir es schaffen, den kleinen Zwackel mit viel Geduld zu überzeugen, seine Unsicherheit zu überwinden und durch einen Welpentunnel zu tapsen, ist das ein tolles Gefühl. Besonders für ihn. Gleichzeitig werden dadurch spielerisch und ganz nebenbei die ersten Steine für ein solides Bindungsfundament gelegt. Gemeinsame Glücksgefühle und Erfolge schweißen eng zusammen und ein vielleicht noch unsicherer Hund kann mit dieser neu erworbenen Selbstsicherheit gestärkt heranwachsen.

JEDER HUND HAT TALENT: ENTDECKEN SIE ES!

Fragt man erfahrene Hundetrainer nach Gründen, weshalb Hunde Probleme machen, bekommt man zwei Sachen besonders oft zu hören: Über- und Unterforderung. Beide verursachen auf Dauer nämlich ganz schön Stress und der wirkt sich, wie bei uns selbst auch, negativ auf das Verhalten aus.

Dass es kein artgerechtes Leben ist, wenn der Hund den ganzen Tag zu Hause herumsitzt und nur morgens und abends schnell an der Leine den Gehweg rauf und runter laufen darf, um sein Geschäft zu verrichten, leuchtet vermutlich jedem ein. So ein »Stubenhocker« kann schließlich keinerlei Erfahrungen machen und ist deswegen ständig unsicher. Kein Wunder, wenn er sich dann selbst »hochpushen« muss. So wie Mr. Flexi (siehe Seite 105 f.). Oder wenn er so sehr an seinen Menschen hängt, dass er, wie Harry, ohne sie der Panik verfällt (siehe Seite 51 ff.). »Ach, das kann uns nicht passieren. Wir sind ständig draußen«, höre ich oft – um nach einer kurzen Pause gefragt zu werden, weshalb der Hund eigentlich immer dies und das macht, obwohl er doch dieses und jenes machen soll. Mit endlosen Gassirunden allein ist es eben auch nicht immer getan. Wenn man seinen Hund optimal fordern und fördern will, muss man das typgerecht tun.

Es bringt nichts, einen Hund einfach gedankenlos auszupowern. Man muss sich schon genau überlegen, welche Beschäftigung für ihn sinnvoll ist. Denn nur so fühlt er sich wohl und das »Sportprogramm« wird zum Spaß. Nichtsdestotrotz treffe ich immer wieder Hundebesitzer, die glauben, dass vor allem viel Action und viel Bewegung notwendig sind, um einen Hund müde zu machen. Nach dem Motto: Nur ein müder oder erschöpfter Hund ist ein ausgelasteter Hund. Deshalb werden Hunde jeden Morgen ans Fahrrad gehängt und dann wird einfach nur Strecke runtergeradelt. Oder der Vierbeiner »darf« hundertmal einem Frisbee hinterherjagen. Artgerecht ist das nicht.

Aber ich rede mal wieder schlau daher. Wenn ich ehrlich bin, habe ich genau diesen Fehler mit meinen eigenen Hunden früher auch gemacht. Aus Bequemlichkeit. Und weil ich es einfach nicht besser wusste. Ich erinnere nur an unsere kleine ballsüchtige Khaleesi.

ENTDECKUNGSTOUR AUF SECHS BEINEN

Natürlich ist grundsätzlich alles, was wir gemeinsam mit unseren Hunden unternehmen, viel besser, als sie die ganze Zeit aus unserem Alltag auszuschließen und alleine daheim zu lassen. Hunde lieben unsere Gesellschaft und wollen als soziale Rudeltiere am liebsten überall dabei sein. Das ist ihr größtes Bestreben. Je nach Rasse oder Herkunft haben sie aber auch noch besondere Bedürfnisse oder Eigenschaften. Ich nenne sie Talente. Und genau die lohnt es sich zu entdecken. Denn nur dann können wirklich beide, Mensch und Hund, von gemeinsamen Aktivitäten profitieren und ihre Bindung stärken.

Partner fürs Leben?

Am besten beginnt man mit der Gewissenserforschung schon lange bevor die Fellnase einzieht. Es erspart viel Kummer, einfach mal kurz in sich hineinzuhören und sich zu fragen: Welcher Hund passt eigentlich zu mir? Bin ich eher sportlich und viel draußen unterwegs? Liebe ich Joggen, Radfahren, Schwimmen oder Wandern? Oder brauche ich nach Feierabend eher ein Glas Rotwein, die Couch und ein gutes Buch zum Abschalten? Schon so einfache Fragen entscheiden am Ende über gute oder schlechte Bindung (siehe auch Seite 61 f.). Kennen Sie die Geschichten über Paare, die sich Hals über Kopf verlieben und sofort zusammenziehen? Nach einiger Zeit stellen sie dann fest, dass sie eigentlich überhaupt keine gemeinsamen Interessen haben: Während der eine gerne reist, Ausflüge macht und regelmäßig etwas mit Freunden unternimmt, will der andere nur zu Hause rumhängen und verkriecht sich am liebsten hinter der Spielekonsole. Logisch, dass das auf Dauer nicht gehen kann. Die Verbindung zerbricht.

Bei der Mensch-Hund-Partnerschaft ist es nicht anders. Nur wenn wir ehrlich zu uns selbst sind, können wir klar entscheiden, welcher Hund bei uns einziehen sollte. Im Zweifel helfen Profis, der Tierarzt, Pfleger im Tierheim. Man kann sich auch in einer guten Hundeschule informieren.

Ich habe leider persönlich erlebt, wie zweifelhafte Tierschützer über das Internet Hunde aus dem Ausland an jeden vermitteln, der zahlt. Sie interessieren sich nicht die Bohne dafür, ob der Hund bei seinem »Retter« überhaupt artgerecht leben kann. Wie oft landet so aus falsch verstandener Tierliebe ein spanischer Podenco, einer dieser wunderbaren Jagd- und Laufhunde, bei einem Mann, der im Alltag auf seinen Rollator angewiesen ist und vielleicht nur 20 Minuten am Tag rauskann. Wie oft kommt ein Herdenschutzhund-Mischling mit ausgeprägtem Wach- und Schutztalent, dessen Vorfahren ursprünglich einmal als »Alarmanlage« gezüchtet wurden, weshalb er so gern bellt, zu einer Familie mit zwei kleinen Kindern in eine Hochhaussiedlung. Man muss kein Hellseher sein, um zu wissen, dass so bereits nach kürzester Zeit Probleme auftreten. Aber wenn sich die neuen Besitzer dann hilfesuchend wieder an die Organisation wenden, wird die Kommunikation in den meisten Fällen einfach eingestellt. Der Leidtragende ist am Ende immer der Hund, der die Welt nicht mehr versteht und wieder ins Tierheim abgeschoben wird. Jeder Mensch mit Herz kann nachvollziehen, wie schwer es diesem Hund später fällt, eine enge Bindung mit Menschen einzugehen oder zuzulassen.

Khaleesi im Glück: Beim Sandbuddeln kann sie sich spielerisch mal so richtig auspowern.

Ein Hund ist ein Partner fürs Leben. Deshalb sollten wir versuchen, seine Bedürfnisse und Talente ernst zu nehmen. Nur so können wir ihn sein ganzes Leben lang individuell und sinnvoll auslasten. Möglichkeiten dafür gibt es so viele wie Hundehaufen im Kölner Stadtwald oder im Englischen Garten in München. Man muss sich nur hinabbeugen und sie einsammeln.

Obedience – Sudoku für den Hund

»Obedience« ist englisch und gilt als die »Schule des hohen Gehorsams«. Das klingt im ersten Moment nach Drill, Zucht und Ordnung, ist es aber nicht. Denn auch wenn der Name recht hochtrabend daherkommt, geht es hauptsächlich um den Zusammenhalt von Mensch und Hund. Oder weniger hochtrabend ausgedrückt: um Teamwork. Man sollte sich also vom Begriff »Gehorsam« nicht in die Irre leiten lassen. Beim Obedience herrscht kein strenger Befehlston, im Gegenteil: Der Mensch lernt liebevoll und mit innerer Ruhe und Gelassenheit, seinem Hund das gewünschte Verhalten beizubringen.

Das alles geschieht spielerisch und am Anfang natürlich mit besonders guten Leckerchen als Anreiz und Belohnung. Ja, ich weiß, dass ich bei diesem Thema bei einigen Hundebesitzern einen wunden Punkt treffe. Ich halte es selbst auch nicht für sinnvoll, den Hund sinnlos mit Leckerli vollzustopfen. Belohnungen sollten nie Bestechung sein, sondern immer variabel eingesetzt werden. Das bedeutet, dass man beim Belohnen nicht vorhersehbar werden darf, sonst ist man schnell nur noch ein Futterspender, der nicht merkt, dass ihn sein Hund darauf konditioniert hat – nicht umgekehrt. Für meine eigenen Hunde habe ich trotzdem besonders am Anfang einer neuen Trainingseinheit immer etwas ganz Besonderes in der Tasche. Dinge, die sonst ganz selten oder nie auf ihrer Zunge landen: Feine Harzer-Käse-Würfelchen oder Räucherfischhäppchen treiben Khaleesi und Gizmo zu Höchstleistungen. Jeder Hund ist von Natur aus Ökonom und achtet genau darauf, wie sehr sich etwas für ihn lohnt. Deshalb sind Leckerchen im Training wichtig. Oder würden Sie ohne Gehalt arbeiten gehen? Mit der Zeit ersetze ich die Leckerchen allerdings immer mehr durch andere Motivatoren. Das kann ein aufmunterndes Lob, ein Clicker oder das Lieblingsspielzeug sein. Oder eine kurze Kuscheleinheit.

Klare Kommunikation für mehr Selbstvertrauen

Obedience ist Teamsport. Das Ziel: sich perfekt aufeinander abstimmen. Die einzelnen Übungen beinhalten unterschiedliche Themen aus der klassischen Hundeerziehung, wie Leinenführigkeit, Apportieren von Gegenständen, Umrunden von Dingen oder entspannt Bei-Fuß-Laufen. Wenn Sie mit Ihrem Hund die Grundkommandos »Sitz!«, »Platz!«und »Bleib!« geübt haben und er alles gut beherrscht, können Sie im Prinzip schon anfangen. Fast alle Hunde haben Spaß am Lernen und sind neugierig auf Neues. Das Wichtigste aber ist, dass man als Hundebesitzer viel Geduld, Ruhe und Einfühlungsvermögen mitbringt. Mit Druck und zu hoch geschraubten Erwartungen geht nämlich nichts.

Beim Training kommt man mit wenig Zubehör aus. Ein paar Pylonen, ein paar Hürden und ein Aportel – eine Art großer Kunststoffknochen: Das reicht schon. Klassische »Bleib!«-Übungen auf Distanz, das Abrufen über eine Hürde, »Sitz!« aus dem Laufen heraus oder Kommen auf Befehl und Zurückschicken zum Platz sind nur einige Übungen. Obedience ist aber weitaus mehr. Es ist ein bisschen wie eine Meditations- und Konzentrationsübung – gemeinsam mit dem Hund. Denn nur wenn wir unserem vierbeinigen Teampartner die Absicht jeder Übung wirklich ruhig und klar vermitteln, kann er machen, was wir von ihm wollen, und zum Beispiel über längere Distanz auf uns warten. Alles andere würde ihn eher verunsichern.

> »OBEDIENCE IST TOLL FÜR HUNDE, DIE GERNE SPIELEN UND LEICHT ZU MOTIVIEREN SIND.«

Wahrscheinlich hatte ich genau deshalb beim Obedience auch lange Zeit »Magenschmerzen«. Geduld, Konzentration und Struktur sind nämlich eher nicht so mein Ding. Ich zitiere an dieser Stelle kurz einen Eintrag aus meinem Zwischenzeugnis der dritten Jahrgangsstufe: »Es fällt ihm manchmal schwer, die nötige Ruhe zu finden und sich auf das Wesentliche zu konzentrieren.« Stimmt leider bis heute. Und genau deswegen habe ich anfangs bei meiner Hundetrainerausbildung einen großen Bogen um Obedience gemacht. Eigentlich doof! Schließlich sollte man doch glücklich und dankbar sein, wenn man wie beim Obedience genau diese Eigenschaften mit und durch seinen geliebten Hund vertiefen kann. Heute weiß ich das sehr zu schätzen.

Zwei Dinge machen diese Art des gemeinsamen Erlebens besonders sympathisch. Zum einen finden unsichere und besonders ängstliche Hunde durch die ruhige und klare Kommunikation mit ihrem Besitzer schnell zu mehr Vertrauen und Selbstbewusstsein. Nach und nach entwickelt sich so ein enges Verhältnis, das auch im Zusammenleben im Alltag viele Vorteile bringt. Der Hund ist achtsamer und geht mit vielen Situationen entspannter um. Das gemeinsame Üben bringen Struktur und Konsequenz in sein Leben und vermittelt ihm dadurch Sicherheit. Zum anderen ist Obedience auch für ältere Hunde noch prima geeignet. Denn es ist weniger bewegungsintensiv als andere Hundesportarten und schont daher die morschen Knochen und spröden Gelenke. Dafür aber hält es geistig fit – es ist also quasi Sudoku für den Hund.

Der mit dem Hund tanzt: In so einem Moment fühle ich mich an der Seite meiner Hunde jung, frei und wild.

Bei allem Enthusiasmus darf man den Hund aber auch nicht überfordern. Er ist keine Maschine. Alles soll in erster Linie ihm Spaß und Freude machen, sonst ist er schnell gestresst. Es geht immer darum, ein gesundes Mittelmaß zu finden und das Training und Üben vor allem nicht so verbissen zu sehen, sondern als bindungsstärkendes Mittel.

Agility – Teamarbeit im Ring

Haben Sie bei Youtube schon mal den Suchbegriff »Agility« eingegeben? Es ploppen sofort Tausende von Clips auf, denn dieser Hundesport ist nun mal eine der populärsten überhaupt – und das nicht nur in Deutschland.

Auch der Begriff »Agility« kommt aus dem Englischen und bedeutet so viel wie »Flinkheit« oder »Wendigkeit«. Bereits in den 70er-Jahren wurde es zum ersten Mal als Showeinlage bei einer Hundeausstellung gezeigt. Den Leuten gefiel's. Mitte der 80er-Jahre kam die Bewegung dann auch nach Deutschland. Mittlerweile wird Agility in nahezu jeder Stadt angeboten. Seit 1991 ist es offiziell als Hundesport anerkannt und wird wettkampfmäßig betrieben.

Ein bisschen erinnert das Ganze ans Springreiten: Die Hunde bewältigen verschiedene Hindernisse, während ihre Frauchen oder Herrchen nebenherlaufen und sie durch Zurufen und Gesten durch den Parcours lotsen. Auf Zeit, denn das schnellste Team mit der geringsten Fehlerquote gewinnt.

Um das zu schaffen, ist ganz klar Teamarbeit gefragt – und genau das macht Agility auch so wertvoll und interessant für alle, die die Bindung zu ihrer Fellnase vertiefen möchten. Denn bis die Hunde über Hürden springen, schmale hohe Stege überqueren, durch Tunnel flitzen, eine Slalomstrecke nehmen und auf einer Wippe balancieren, ist es ein langer Weg – und der ist nur möglich, wenn sich Mensch und Hund blind vertrauen und ständig aufeinander achten. Auf der einen Seite muss sich der Mensch der Geschwindigkeit und Dynamik seines Vierbeiners anpassen. Auf der anderen Seite muss der Hund sich vollkommen sicher sein, dass sein Teampartner ihm durch Zeichen und Ansagen den kürzesten Weg durch den Parcours zeigt. Klingt einfach, ist aber ganz schön knifflig.

Für mich steht beim Agility ganz klar der Bindungsaspekt im Vordergrund. Denn Aussagen und Bewertungen wie »Mein Hund ist der Beste, Schnellste, Schönste oder Schlauste« können unseren Fellnasen im Grunde ohnehin nicht gerecht werden. Schließlich ist jeder Hund einzigartig und verdient es allein durch seine Treue und Hingabe, die er uns entgegenbringt, geliebt und respektiert zu werden. Mir ist wichtig, dass der Hund nicht zum Sportgerät degradiert wird. Stattdessen soll er in erster Linie Spaß und Freude haben und über sich hinauswachsen. Deshalb gibt es für mich nichts Schöneres, als zu sehen, wie ein Mensch den Parcours mit seinem Hund ohne Druck und Zwang bewältigt.

Jeder lernt in seinem Tempo

Mit etwa einem Jahr können eigentlich fast alle Hunde mit dem Agility beginnen. Der Bewegungsapparat, also Knochen, Muskulatur und Bänder, ist dann weitestgehend entwickelt. Natürlich kann man auch erst später starten. Es ist allerdings wichtig, dass der Hund fit ist und keine Gelenkerkrankungen oder Probleme mit der Wirbelsäule hat.

Zunächst werden Mensch und Hund ganz langsam an die einzelnen Geräte auf dem Platz gewöhnt, das spielerische Lernen steht erst einmal im Vordergrund. Schritt für Schritt lernt der Hund so positiv, wie man die Hindernisse möglichst fehlerfrei überwindet. Es ist immer wieder schön, zu beobachten, dass fast jeder Hund bereits in der ersten Stunde sein persönliches Lieblingsgerät entdeckt – und manchmal auch an seine Grenzen kommt. Erst kürzlich erlebte ich in einem Kurs Bella, eine Rauhaardackeldame – und eine besondere Schönheit. Ihr dürrlaubfarbenes (ja, diese Bezeichnung gibt es wirklich) oder rotbraunes Fell war mit struppigen, dunklen Haaren durchsetzt. Ihre längeren Schnauzhaare glänzten golden in der Sonne.

Rauhaardackel sind Jagdhunde und ihre Terriergenetik gibt ihnen genügend Selbstbewusstsein, Entscheidungen ganz gut ohne uns Menschen zu treffen. Diese Charaktereigenschaft ist für die flinken Dackel bei der Jagd entscheidend. Mutig kriechen sie tief in Dachs- oder Fuchsbauten, wo sie von ihrem Menschen keine Anweisungen mehr empfangen können. Ganz auf sich gestellt müssen sie selbst entscheiden, welchen Weg sie in dem unterirdischen Labyrinth wählen. Tor eins, Tor zwei oder Tor drei? Dackelbesitzer können ein Lied davon singen, wenn ihre Fellnase mal wieder für eine gefühlte Ewigkeit in einem Kaninchenbau verschwunden ist. Entsprechend irritiert war Bellas Frauchen, dass ihre Dackelin panische Angst vor dem Agility-Tunnel hatte. Tatsächlich hatte Bella schon in der Welpenspielstunde einen großen Bogen um die bunten Plastikdinger gemacht. Jeder Hund hat eben seine eigene Persönlichkeit.

> *»ÜBER SICH HINAUSZU-WACHSEN UND GEMEINSAM ERFOLGE ZU FEIERN HAT POSITIVEN EINFLUSS AUF UNSEREN ALLTAG.«*

Nicht mit Zwang oder Druck, sondern mit sehr viel Geduld und Einfühlungsvermögen hat es am Ende doch geklappt. Es dauerte nicht einmal lang, Bella den Tunnel schmackhaft zu machen. Nach nur einer Woche »galoppierte« sie geradezu durch alle Tunnel auf dem Platz – egal ob sie zu »ihrem« Parcours gehörten oder nicht.

Auch wenn es in den unzähligen Youtube-Videos ganz einfach aussieht, wie Mensch und Hund den Parcours meistern: Für Hunde ist es am Anfang eine große Überwindung. Aber genau das macht Bindung aus.

Was ein Fahrradständer mit Bindung zu tun hat

Agility ist zwar an vielen Stellen sehr dynamisch, es zwingt uns in vielen Momenten aber auch, ruhig und locker zu werden. Diese Ruhe oder Konzentration spiegelt sich dann automatisch bei unserem Hund. Es ist eine einfache Gleichung: Hektischer Mensch, hektischer Hund – entspannter Mensch, entspannter Hund. Oder um es auf den Punkt zu bringen: Sei selbst so, wie du dir deinen Hund wünschst. Diesen guten Ratschlag habe ich neben vielen anderen aus meiner Ausbildung mitgenommen.

Weil ein Agility-Parcours aus unterschiedlichen Abschnitten besteht, auf denen mal Tempo und Schnelligkeit, mal Konzentration und Ruhe gefragt

Parcours auf vier Pfoten: Seit ich mit Gizmo Agility mache, finden wir überall »Trainingsgeräte«.

sind, erfordert der Sport vom Partner Mensch ganz viel Klarheit – sowohl in der Körpersprache als auch bei den Kommandos. Was wiederum ein super Training für die Alltagskommunikation ist. Weniger ist manchmal eben mehr.

In meinen Augen gibt es unzählige Möglichkeiten für dieses ganz spezielle Bindungstraining: Trainingsgeräte für zu Hause findet man günstig im Internet und mit einem »Click« steht im Garten ein eigener kleiner Parcours. Im Wald wird ein umgestürzter Baum oder eine Parkbank zu einem aufregenden Hindernis. Selbst mitten in der Stadt macht Agility Spaß. Meinen Hunden und mir hat schon so mancher Fahrradständer die Slalomstangen ersetzt. Ich sehe ja ein, dass im hektischen Alltag so etwas nicht immer möglich ist. Da ist man froh, wenn der Hund brav neben einem hertrottet. Doch was spricht dagegen, sich und seinem Hund einmal in der Woche ein Stündchen Agility zu schenken und der Bindung etwas Gutes zu tun?

Mops in Action

Das Leben mit zwei Hunden ist definitiv noch etwas intensiver als mit einem Hund. Der Spruch »Ob ein Hund oder zwei, das macht doch keinen Unterschied. Die Arbeit ist dieselbe« mag vielleicht stimmen, was die tägliche Routine angeht. Auch bei Hunden mit den gleichen Ansprüchen an Beschäftigung oder gleichaltrigen Hunden ist das Zusammenleben einfacher. Trotzdem darf man nicht unterschätzen, was für eine neue Dynamik durch eine zweiten Hund ins Haus kommen kann. Zwar leben beide Hunde zusammen und beschäftigen sich auch miteinander. Und für jemanden wie mich ist es wundervoll, hündisches Verhalten im Doppelpack zu beobachten. Genau das kann mitunter aber auch ganz schön für Action sorgen. Besonders wenn eine der Fellnasen sensibler ist und die andere vielleicht ein richtiger Draufgänger.

Bei Gizmo und Khaleesi zum Beispiel, Mops und Retriever, prallen Welten aufeinander. Obwohl wir vieles gemeinsam unternehmen, gibt es durchaus auch Dinge, die ich nur mit einem Hund mache. Wenn Gizmo und ich früher zusammen draußen waren, hat mein Mops nie auch nur den kleinsten Ansatz eines Versuchs gemacht, ein Hindernis zu überwinden. Lag im Wald ein Baumstamm über dem Weg, suchte er grundsätzlich einen Weg außenrum oder blieb einfach bockig sitzen, bis sich jemand erbarmte und ihn auf die andere Seite hob. Kam er mit diesen Strategien nicht weiter, grübelte er nach einer dritten Alternative. Wie Hannibal bei der Überquerung der Alpen überlegte er sich in aller Seelenruhe eine Taktik. Aber einfach drüber? Auf keinen Fall! An der nötigen Kraft kann es ihm nicht fehlen. Denn den Sprung in unser 50 Zentimeter hohes Boxspringbett schafft er, ohne mit der Wimper zu zucken.

Umso überraschter war ich, als ich Gizmo einmal zu einem Agility-Kurs mitnahm. Zum ersten Mal in seinem bis dato eher bewegungsarmen Mopsleben betrat mein »Bub« den Trainingsplatz. Schlagartig änderte sich seine Betriebstemperatur. Neugierig schnupperte er an den aufgestellten Trainingsgeräten herum, um dann aufgedreht mit den anderen Hunden über den Platz zu toben. Sein ganzes Auftreten erschien mir plötzlich selbstbewusster und dynamischer. Aus sicherer Distanz beobachtete er anschließend seine Hundekumpels beim Training. Stoisch wie immer, die großen Knopfaugen nach vorne gerichtet und das Köpfchen stolz leicht angehoben. Etwa eine halbe Stunde verzog er keine Miene. In der Pause ging ich zu ihm und forderte ihn auf, doch mal mit mir mitzukommen. In der Hand hielt ich ein Katzenleckerchen. Lachen Sie nicht, das ist mein voller Ernst, denn diese knusprigen kleinen Dinger sind für meinen Mops der absolute Ober-Jackpot. Wahrscheinlich werden Möpse deshalb auch die Katzen unter den Hunden genannt?

Ich stellte ich mich hinter einer Hürde auf. Mir gingen die Bilder mit dem Baumstamm aus dem Wald durch den Kopf und deshalb war ich entspannt. Ich machte mir ohnehin keine allzu großen Hoffnungen. Doch ehe ich mich's versah, war Gizmo über die Hürde gesprungen und blickte mich erwartungsvoll an. »Wie, jetzt schon eine Belohnung?« Das wollte ich erst noch einmal sehen. Ohne mit der Wimper zu zucken, flitzte er, das Katzenleckerli vor Augen, über Hürden, durch einen Tunnel, hinauf auf die hohe Holzbrücke – und auf der anderen Seite wieder hinunter. Fast hätte ich meinen pelzigen Hannibal noch über das zwei Meter hohe »Dach« gejagt. Aber ich kam rechtzeitig zur Besinnung.

»INDIVIDUELLE HUNDE BRAUCHEN AUCH INDIVIDUELLE LÖSUNGEN.«

Heute begleitet mich Gizmo regelmäßig zu Agility-Stunden und kommt dabei richtig aus sich heraus. Man fühlt regelrecht, wie er auf dem Platz auftaut und sich auf das Abenteuer einlässt. Das hat auch meine Beziehung zu ihm noch einmal verändert. Ihm Dinge zuzutrauen und Herausforderungen locker anzugehen sind positive Erfahrungen, die wir über das gemeinsame Erleben auf dem Hundeplatz gelernt haben. Beides stärkt unsere Bindung. Und wenn Sie sich jetzt fragen, wie sich mein Agility Champion jetzt im Wald verhält, wenn ihm mal wieder ein Hindernis den Weg versperrt: Er springt. Aber freuen Sie sich nicht zu früh. Möpse sind und bleiben eigensinnig und unberechenbar. Ich sage nur: Katzenleckerchen.

ZWISCHEN ABENTEUERLUST UND SICHERHEIT

Meine vier Jahre alte Labradorhündin zu motivieren, über oder auch in irgendetwas hineinzuspringen, ist unnötig. Im Gegenteil: Ich verbringe viel Zeit damit, sie von vielen unüberlegten und impulsiven Aktionen abzuhalten. Ich weiß, dass ich selbst mit daran schuld bin, dass Khaleesi so ungestüm ist, weil ich ihr nicht früher gezeigt habe, dass nicht alles, was ihr gefällt, ungefährlich ist. Aber zu meiner Entschuldigung: Wenn man wie ich bisher mit einem phlegmatischen Vertreter der Spezies Hund zusammengelebt hat, blüht man mit einem kleinen unerschrockenen und übermütigen Retriever an seiner Seite regelrecht auf. Stöckchen schmeißen, Balli werfen, noch mal Balli werfen und Steinchen ins Wasser … Khaleesi schmiss sich jedes Mal tausendprozentig ins Zeug.

Einmal hat sie das fast das Leben gekostet. Weil ich ihr nie beigebracht hatte, sich bei ihrem Bindungspartner, also mir, rückzuversichern, bevor sie unbekanntes Terrain betritt, schmiss sie ihren sportlichen Hundekörper mit Begeisterung in jedes Gewässer. Ob Bach, Fluss, See, Tümpel oder Pfütze:

Khaleesi ist eine Wasserratte oder zumindest im Sternzeichen der Meerjungfrau geboren. Vor zwei Jahren unternahmen Matthias und ich an einem besonders warmen Sommerabend eine Fahrradtour mit Khaleesi. Gizmo hatte es sich aus hitzetechnischen Gründen lieber an einem kühlen Plätzchen in der Wohnung bequem gemacht. Als wir mit unseren Fahrrädern einen kleinen, von Bäumen und Büschen eingewachsenen Kanal überquerten, bog Khaleesi plötzlich ab, rannte zum Wasser und sprang, vermutlich um sich zu erfrischen, einfach hinein. Matthias sah gerade noch, wie sie mit panisch aufgerissenen Augen und zappelnden Vorderpfoten versuchte, nicht unterzugehen. Dann war sie weg. Einfach weg. Wie vom Erdboden verschluckt. Noch jetzt bekomme ich Gänsehaut, wenn ich daran denke.

Die Zeit dehnte sich plötzlich endlos aus und kroch mir unter die Haut. Wie unglaublich wichtig unsere Fellnasen im Laufe ihres Lebens für uns werden, zeigt sich leider erst in genau solchen Situationen. Und wenn es um Leben und Tod geht, setzt wie bei echten »Eltern« der Verstand aus. Ich musste meinen völlig verzweifelten Mann davon abhalten, Hals über Kopf ins Wasser zu springen und nach unserem Hund zu tauchen. »Wir wissen doch gar nicht, was da unten ist«, schrie ich Matthias an. Meine Füße begannen zu kribbeln. Taub-

Khaleesi ist immer noch ein »Seehund«. Aber heute passen wir viel mehr auf, wo sie ins Wasser geht.

heit machte sich am ganzen Körper breit. Ich konnte keinen klaren Gedanken fassen. »Das träumst du gerade. Sie ist doch erst zwei Jahre alt«, schoss es mir durch den Kopf. »Das ist verrückt, das fühlt sich gerade so unecht an.«

Abwechselnd lief ich auf der kleinen Überführung von einer Seite zur anderen. Nichts. Keine Spur von Khaleesi. Plötzlich sah ich sie auf der anderen Seite des Baches. Ihr lebloser Körper trieb unter der glitzernden Wasseroberfläche. Sie lag flach mit dem Kopf voraus auf der Seite und die Strömung zog sie unbarmherzig unter Wasser mit sich weiter. Ohne zu zögern, völlig mechanisch, sprang ich ins Wasser und schwamm ein paar Meter hinterher. Nur mit Mühe schaffte ich es, ihren schlaffen Körper zu packen und ans Ufer zu wuchten. Aber Khaleesi atmete nicht mehr. Es war der blanke Horror.

Mittlerweile war auch Matthias bei mir und half mir, unsere leblose Hündin die steile und rutschige Böschung hinaufzuziehen. Ich kann wirklich nicht mehr genau sagen, wie ich es geschafft habe, Khaleesi wiederzubeleben. Wie ein nasser Sack hing sie zwischen meinen Armen und ich presste meine Hände mit aller Kraft auf ihren Brustkorb. Plötzlich erbrach sie einen Schwall Wasser und atmete röchelnd einmal tief ein. Langsam und zitternd rappelte sie sich auf und schüttelte sich kräftig. Matthias und ich waren überglücklich, das Leben war wieder in sie zurückgekehrt. Doch Khaleesi war immer noch in akuter Lebensgefahr. Wir erreichten die nächstgelegene Tierklinik erst nach ungefähr einer Dreiviertelstunde und unsere Hündin zeigte schon die ersten Anzeichen eines schweren Schockzustands. Sie wurde von Minute zu Minute apathischer. Ihr Atem war ganz flach, ihr sonst rosafarbenes Zahnfleisch und die hellroten Lefzen waren schneeweiß. Ein eindeutiges Zeichen, dass ihr Körper aufgrund der Unterkühlung auf Notversorgung umgestellt hatte.

Der Moment, als sie von den Ärzten der Klinik in den Schockraum gebracht wurde und die Glastür sich hinter ihr schloss, war schlimm. Jetzt hieß es warten und hoffen. Deprimiert und völlig fertig fuhren wir zurück nach Hause und verbrachten die Nacht schlaflos in Sorge und Ungewissheit. Erst am nächsten Vormittag, 18 Stunden später, gab es Entwarnung und wir konnten unseren völlig verängstigten Hund endlich wieder nach Hause holen.

In der Zwischenzeit hatte sich auch geklärt, wie Khaleesi so plötzlich untergehen konnte. Ein unterirdisches Ablaufrohr leitete das Bachwasser durch die Unterführung und erzeugte dabei einen so starken Sog, dass Khaleesi, 22 Kilo schwer und eine gute Schwimmerin, keine Chance hatte zu entkommen. Sie musste sich unter Wasser durch quer stehende Äste und Zweige gekämpft haben, bis sie das Bewusstsein verlor. Nicht vorzustellen was passiert wäre, wenn der Auslauf durch ein Gitter versperrt gewesen wäre.

Viel hilft nicht immer viel

Das schreckliche Erlebnis mit Khaleesi, die damit verbundenen Emotionen und Selbstvorwürfe machten uns nachdenklich. Es war absolut unverantwortlich von uns gewesen, Khaleesi bei jeder sich bietenden Gelegenheit sinnlos und ohne nachzudenken anzufeuern, ins Wasser zu springen. Wir dachten, dass es ihr Spaß macht und es deswegen nur gut für sie wäre. Aus erzieherischer Sicht lagen wir mit unserer Einschätzung »Viel hilft viel« allerdings wieder einmal voll daneben. Denn auch wenn die Beschäftigung einem Hund vielleicht Spaß macht und er am Abend müde in seinem Körbchen liegt, heißt das noch lange nicht, dass er artgerecht und sinnvoll ausgelastet ist.

Wir begannen nach einer Alternative für die Freizeitgestaltung unseres Mädchens zu suchen. Nichts, was sie körperlich forderte – schließlich gehen wir jeden Tag mindestens zwei Stunden mit ihr in die Natur. Wir wollten etwas finden, was sie geistig auslasten würde. Die Lösung, unsichtbar beziehungsweise so mikroskopisch klein, dass wir sie völlig übersehen hatten, lag schließlich direkt zu unseren Füßen: Moleküle …

GEMEINSAM AUF SPURENSUCHE

Seit Jahrtausenden nutzen Menschen den feinen Geruchssinns ihrer Hunde, egal ob beim Jagen, Suchen, Retten oder Bergen. Kein Wunder, Hunde sind Makrosmatiker, was aus dem Griechischen kommt, so viel bedeutet wie »Großriecher« und Lebewesen mit einem besonders ausgeprägten Geruchssinn bezeichnet. Echte Nasentiere! Sie ahnen es vermutlich schon: Wir Menschen sind natürlich Mikrosmatiker.

Wir können unsere Hunde täglich beim Schnüffeln, Schnuppern und Witterung-Aufnehmen beobachten. Sie sind im Grunde rund um die Uhr mit nichts anderem beschäftigt. Mit der Nase zu arbeiten ist für Hunde einfach ganz alltäglich und sie machen es vor allem richtig gern. Egal ob Jagdhund oder Stubenhocker. Schade eigentlich, dass wir diese Begabung unserer vierbeinigen Familienmitglieder viel zu wenig fördern. Anstatt die außerordentlichen Fähigkeiten ihres »Riechrüssels« für eine artgerechte Beschäftigung auszunutzen, besteht für viele Familienhunde die einzige nasale Herausforderung darin, den Müll nach Essbarem zu durchwühlen. Keine große Sache für eine Supernase. Eher Kindergartenkram. Dabei haben Hunde Lust auf echte Herausforderungen. Und Nasenarbeit ist nun mal richtige Kopfarbeit, denn dabei sind große Bereiche des Gehirns im Einsatz. Das bringt das Konzentrationslevel auf Anschlag, während gleichzeitig alle anderen Sinneswahrnehmungen etwas gedrosselt werden. Experten vertreten sogar die Meinung, dass 15 Minuten intensive Nasenarbeit – und mehr sind selbst für einen erfahrenen Profischnüffler nicht machbar – für einen Hund ebenso anstrengend sind, wie 60 Minuten neben einem Fahrrad herzulaufen. Dabei kann man Nasenarbeit sogar ganz bequem zu Hause machen – wenn das Wetter zum Beispiel so schlecht ist, dass man sich keine Minute zu viel im Freien aufhalten möchte. Das war ein Witz! Natürlich darf schlechtes Wetter nie eine Entschuldigung für wenig Auslauf sein. Vielleicht ist der Hund aber auch kränklich oder bereits älter und nicht mehr so gut zu Pfote. Kleine Such- und Schnüffelspiele lasten ihn dann im Handumdrehen aus.

Sie denken, das wäre Ihrer Fellnase zu langweilig? Irrtum! Womöglich ist sie es nur nicht gewöhnt, auf diese Art mit Ihnen zu interagieren. Ein Hund muss schließlich erst einmal verstehen, was er eigentlich machen soll. Wenn Ihre Nachbarn Ihnen über den Zaun immer nur »Sieben Fleisch, sieben Fleisch« zurufen würden, wüssten Sie vermutlich auch nicht, dass sie Sie damit am nächsten Abend um 19 Uhr zum Grillen einladen wollen. Dazu braucht es schon ein paar Informationen mehr. Unseren Hunden geht es genauso.

Erfolgreiches Versteckspiel

Eigentlich lassen sich alle Hunde gerne dazu bewegen, ein Leckerchen oder ein besonders geliebtes Spielzeug zu suchen. Khaleesi habe ich anfangs immer richtig auf die Folter gespannt: Ich habe ihr ein Spielzeug gezeigt, bin dann damit ins andere Zimmer gegangen und habe die Türe vor ihrer Nase zugemacht. Allein das Warten war für sie eine Wahnsinns-Geduldsprobe. Erst wenn ich die Tür wieder öffnete, durfte sie beim Kommando »Such!« losstürmen. Schnell ahnte sie instinktiv, was ich von ihr wollte. Noch bevor Khaleesi den Raum betrat, versuchte sie mit gerade ausgestrecktem Kopf Witterung aufzunehmen. Erst dann steckte sie voller Hingabe ihre feuchte hellgraue Nase in jede Zimmerecke – bis sie nach kurzer Zeit das versteckte Spielzeug gefunden hatte und im Austausch dafür ein super Leckerchen von mir erhielt.

Dieses Spiel findet übrigens selbst unsere Stupsnase Gizmo cool. Vor allem Fressbares sucht er voller Eifer. Ganz dicht klebt seine schwarze Schnauze dann am Boden. Er ist bei der Suche auch überaus penibel. Stellen, die von Khaleesi längst als uninteressant, weil unergiebig befunden wurden, checkt er sicherheitshalber lieber zweimal. Die Suche nach Spielsachen oder Gegenständen überlässt er dagegen ausschließlich seiner »Schwester«. Ich vermute mal, er findet, das ist unter seinem Niveau. Ganz anders Khaleesi. Sie sucht, findet und bringt mittlerweile nicht nur unterschiedlich versteckte Spielsachen, sondern auch Teebeutel mit unterschiedlichen Aromen.

Ich weiß nicht, wer von uns sich mehr freut, wenn einer der beiden wieder ein besonders gut verstecktes Objekt gefunden oder identifiziert hat. Auch durch diese kleinen, eigentlich unspektakulären Momente entsteht Bindung und ich spüre bei dieser intensiven Art des Miteinanders jedes Mal aufs Neue, wie eng unser Familienrudel zusammengewachsen ist. Nur mit dem Versteckspielen tun wir uns noch etwas schwer: Ich konnte Gizmo bisher nicht wirklich davon überzeugen, sich als Suchobjekt zur Verfügung zu stellen und sich im Schrank zu verkriechen.

Schatzsuche im Freien

Spätestens wenn das Ende des Winters absehbar ist, verlegen wir unsere Suchspiele wieder öfter nach draußen. Ich mache mir dann bei unseren Spaziergängen immer wieder zunutze, dass Hunde so gern auf Schatzsuche gehen. Ich verstecke zum Beispiel kleine Leckereien im hohen Gras, unter einem Haufen Laub oder im Wurzelbereich eines großen Baums. Und wenn sich Khaleesi und Gizmo mal wieder völlig gedankenverloren von mir abgeseilt haben, finde ich plötzlich – oh Wunder – diesen verborgenen Schatz. Meistens schaffe ich es nicht einmal, bis zehn zu zählen. Schon stehen beide bei mir auf der Matte, um zu schauen, was Herrchen da so Tolles gefunden hat. Hmmm, Leckerchen! Mit gespielter Großzügigkeit, bei der Captain Hook erblassen würde, überlasse ich den beiden den Piratenschatz und gehe wortlos weiter. Ich werde nie Gizmos und Khaleesis verdutzte Blicke vergessen, als ich diese Nummer das erste Mal abzog. Dem armen Gizmo fielen fast die Augen aus dem Kopf, als es ihm dämmerte, dass meine Trefferquote in Sachen Essbares-Finden weitaus höher war als seine. Bis wir wieder zu Hause waren, klebten meine beiden Leichtmatrosen an meinen Hosenbeinen.

>*»HUNDE LIEBEN ECHTE HERAUSFORDERUNGEN, ABER ANDERS, ALS WIR DENKEN: SO WIE DAS SPURENSUCHEN.«*

Allerdings hatten meine beiden Fellkumpel die »Jochen-Bendel-Baum-Festspiele« nach einigen Wochen schnell durchschaut. Ich weiß bis heute nicht, wer es zuerst an wen verraten hat. Aber ich denke, auch Hunde können ziemlich schnell eins und eins zusammenzählen. Selbst Gizmo, eigentlich ein echter Gourmand, hat jetzt wieder öfter Augen für anderes.

Ich habe von Hundebesitzern gehört, die eine Spur aus Wurstwasser legen oder Schweineohren in Bäume hängen, um ihre Hunde draußen abwechslungsreich zu beschäftigen. Warum nicht? Nichts ist unmöglich! Und tolle Ideen werden von jedem Hund dankbar angenommen.

Mantrailing oder: Wenn die Schuppen leise rieseln

Im Rahmen meiner Ausbildung durfte ich dann Einblick in eine noch spannendere Beschäftigungsart nehmen, die meine Leidenschaft, Zeit im Freien zu verbringen, und Khaleesis Talent, mit ihrer Nase umzugehen, perfekt unter einen Hut bringen sollte: Mantrailing. Vermisstensuche. Aber Achtung, wenn Sie weiterlesen möchten, brauchen Sie starke Nerven.

Jede Minute verliert ein Mensch zigtausende mikroskopisch kleine Hautzellen. Sie rieseln von unserem Kopf, unserem Gesicht, von den Händen und Kleidungsstücken. Mit jeder Bewegung verteilen wir unsere schuppige »DNA« und hinterlassen damit eine Spur, die man mit dem richtigen Näschen kilometerweit zurückverfolgen kann. So wie die Brotkrumen im Märchen von Hänsel und Gretel – nur eben nicht ganz so appetitlich. Deswegen finde ich persönlich das mit der Rieselei eine etwas gewöhnungsbedürftige Vorstellung. Ich sag nur: überfüllte Fußgängerzone.

Bakterien sorgen dafür, dass sich die Schuppen langsam zersetzen. Dabei entstehen metabolische Abbauprodukte, eine Art Gas, das vermischt mit unserem eigenen Körperduft, ein einzigartiges Geruchsmuster ergibt: die

Jetzt führt der Hund: Beim Mantrailing ist Khaleesi in ihrem Element. Die Spurensuche ist Leistungssport fürs Gehirn und fordert sie auf sehr natürliche Art.

Spur. Diese Spur kann, je nach Witterung, mehr oder weniger schnell verteilt werden und sich verflüchtigen. Für einige Tage jedoch bleibt sie immer erhalten. Stellen Sie sich einfach eine Straße im Frühling vor, wenn der klebrige Blütenstaub von Linden, Akazien oder Kastanien den Asphalt bedeckt. Der feine gelbe Staub findet sich dann, vom Winde verweht, überall: am Straßenrand, in der Bordsteinkante, auf Autoscheiben … In etwa so nimmt ein Suchhund eine Geruchsspur wahr.

Mantrailing-Kurse werden inzwischen von vielen Hundeschulen angeboten. Es gibt dabei keine Einschränkungen, was die Rasse oder das Alter eines Hundes betrifft. Hauptsache, er schnüffelt gern. Die intensive Nasenarbeit eignet sich auch besonders gut für Hunde die eher hibbelig sind, bei sportlichen Aktivitäten schnell aufdrehen oder im Alltag unsicher sind. Auch Angsthunde oder Hunde mit Handicap fühlen sich durch die neue Aufgabe (wieder) gebraucht, wertgeschätzt und bekommen dadurch mehr Selbstbewusstsein. Auf jeden Fall sind die gemeinsamen Suchtreffen mit den Artgenossen ein sinnvoller Gegenpol zur Alltagsroutine. Nicht nur für unsere Fellnasen auch für uns. Wir lernen neue Menschen kennen, können uns über unsere Hunde austauschen und haben zusammen eine gute Zeit. In Khaleesis neuer Mantrailing-Gruppe gibt es zum Beispiel einen spanischen Straßenhund, mehrere Retriever, einen Beagle, einen riesigen, zotteligen französischen Hütehund und eine freche Mopsdame, der ich den Spitznamen Miss Marple gegeben habe. Tolle Hunde, tolle Menschen.

> »MANTRAILING MACHT ALLEN HUNDEN SPASS – AUCH DEN EHER UNSICHEREN UND ÄNGSTLICHEN TYPEN.«

Im Gegensatz zu vielen Vereinen oder Rettungsorganisationen, die professionelle Mantrailing-Ausbildungen anbieten, geht es bei den Kursen der Hundeschulen hauptsächlich um Spaß, um eine sinnvolle Auslastung und vor allem um Bindungsarbeit. In den ersten Kurseinheiten lernt der Hund erst einmal, das Prinzip und den Ablauf der ganzen Tour zu verstehen. Bei den wöchentlichen Treffen suchen die Teilnehmer dann gemeinsam mit ihren Hunden zwei bis drei vorher präparierte Strecken ab, die Trails. Wie Detektive verfolgen sie eine unbekannte, vorher festgelegte Strecke, auf der sich die Individualspur – also die Moleküle der zersetzten Hautschuppen – der gesuchten Person befindet. Erst direkt vor dem Start bekommt der Hund dazu eine Duftprobe in Form eines Sockens oder der Unterwäsche des »Vermissten« zum Anriechen. Dann geht es los – bis der Hund die Zielperson irgendwann aufgestöbert hat. Er zeigt seinem Menschen dies an, indem er sich still davor absetzt. Damit ist die Suche erfolgreich beendet.

Über Stock und über Stein

Mantrailing erfordert von Hund und Mensch absolutes Teamwork. Bei der Suche macht zwar der Hund die Hauptarbeit. Der Mensch am anderen Ende der Schleppleine muss aber trotzdem jederzeit konzentriert und reaktionsfähig sein. Wie oft hat mich Khaleesi schon durch unwegsames Gelände geführt, durch ein niedriges Bachbett, durch Matsch und Schlamm oder über Baumstämme. Bei der Suche in der Stadt oder in Wohngebieten musste ich auf den Verkehr und die Fußgänger achten.

Es ist faszinierend zu beobachten, wie jeder Hund bei der Suche seinen ganz individuellen Gang einlegt. Manche trippeln nervös, andere schlurfen oder tänzeln regelrecht mit der Nase am Boden durch die Gegend. Immer wieder halten die Suchhunde inne und nehmen Witterung auf. Jeder Hund entwickelt dabei eine eigene Technik, wird von Mal zu Mal besser. Khaleesi zum Beispiel prüft bei jeder Weggabelung immer erst gewissenhaft alle Abzweigungen, ehe es weitergeht. Und dann diese Ruhe! Alles läuft nämlich völlig still und wortlos ab. Denn Aufforderungen wie »Such!« oder »Los, weiter!« können den Hund negativ beeinflussen und stören.

Unser Labbimädchen hat das Prinzip schnell verstanden und freut sich jedes Mal überschwänglich, wenn sie die gesuchte Person endlich erschnüffelt hat. Stolz und überglücklich verschlingt sie danach ihre Belohnung: müffelnden Harzer Käse. Ich bin auch ohne Harzer stolz und glücklich. Endlich haben wir für Khaleesi eine artgerechte Beschäftigung gefunden, denn sie ist neugierig, lernt gerne und kann sich gut konzentrieren. Bereits wenn ich unsere Mantrailing-Tasche packe und Khaleesi merkt, dass ich das Geschirr mitnehme, ist ihre Vorfreude nicht zu übersehen. Fröhlich läuft sie dann schon mal zur Türe und kann es kaum erwarten, endlich mit der Detektivarbeit zu beginnen.

Mich persönlich fasziniert am Mantrailen weniger der Trail an sich. Ich beobachte lieber fasziniert die Hunde bei ihrer Arbeit. Wie sie sich in die Suche vertiefen. Abtauchen in eine für uns Menschen völlig unbekannte Welt. Eine Welt aus Gerüchen und unsichtbaren Informationen, die nur sie in der Lage sind wahrzunehmen und in der sie sich mit traumwandlerischer Sicherheit bewegen. Plötzlich wird mir bewusst, wie eindimensional wir Menschen doch in vielen Dingen die Welt um uns herum wahrnehmen. Und wie gut es sich anfühlt, einen Partner an seiner Seite zu haben, der das auf wunderbare Art ausgleicht. Den Hund.

> *»TEAMWORK WIE BEIM MANTRAILING IST EIN WUNDERVOLLES MITTEL ZUR VERTIEFUNG DER BINDUNG.«*

KATE KITCHENHAM
AUTORIN, TRAINERIN, COACH

TEAMARBEIT VERBINDET

Es gibt keinen besseren Bindungsklebstoff, als gemeinsam etwas zu erleben. Doch warum ist das so und erleben Hunde diese Momente wirklich ähnlich wie wir? Ja! Neuste neurobiologische Untersuchungen konnten zeigen: Unser Glücksgefühl beim Zusammensein mit Hund beruht auf Gegenseitigkeit. Schwedische und japanische Forscher haben zum Beispiel Menschen und Hunde beim innigen Kuscheln und Angucken beobachtet und gleichzeitig »physiologische Daten« gesammelt, indem sie die Ausschüttung des »Glückshormons« Oxytocin bei beiden Partnern dokumentiert haben. In einer anderen Studie aus Amerika wurde die Gehirnaktivität von Hunden und Menschen beobachtet, während man ihnen den Geruch des Besitzers beziehungsweise eines vertrauten Partners vorgesprüht hat. Das erstaunliche Ergebnis: Beim gegenseitigen Ansehen stieg der Oxytocingehalt bei beiden Arten an, beim Riechen des Partners feuerte das Belohnungssystem im Gehirn der Hunde. In diesen innigen Momenten werden also bei Hunden Glücksbotenstoffe ausgeschüttet, die dafür sorgen, dass sie nirgendwo anders als ganz nah bei ihrem Bindungspartner sein möchten und sich so richtig, richtig gut fühlen.

Gemeinsame Erfolge machen gelassen

Doch nicht nur die Neurochemie versetzt uns in ein gemeinsames Hochgefühl bei gemeinsam erlebten Erfolgsmomenten: Das Vertrauen zueinander wird auch gestärkt, wenn wir gemeinsam viel erlebt haben und uns immer aufeinander verlassen können. Verantwortlich dafür ist der Botenstoff Endorphin, der uns bei solchen gemeinsam erbrachten Teamleistungen in einen Alles-ist-wunderbar-und-wir-beide-sind-unschlagbar-Rauschzustand versetzt.

Hunde, die viel mit uns lernen, sind zudem gelassener, wie eine andere Studie zeigen konnte. Hierzu ließ ein amerikanisches Team die Besitzer von Familien- und Rettungshunden Fragebögen zur Persönlichkeit des Tieres und

Zeit füreinander und zusammen etwas erleben ist »Futter« für die Bindung.

der Reaktionen im Alltag mit fremden Menschen und Artgenossen und aufregende Situationen beantworten. Dabei wurde deutlich, dass die Hunde mit einer »höheren Ausbildung«, die also mehr als nur »Sitz!« und »Komm!« lernen durften, aufregende Alltagssituationen viel gelassener meistern konnten. Ihr Stresssystem scheint besser zu funktionieren. Auch hier gibt es neurobiologische Zusammenhänge: Zum einen lässt sich die Impulskontrolle trainieren und wir empfinden irgendwann stressige Situationen gar nicht mehr so belastend. Zum anderen kommt es beim positiven Lernen zum Ausstoß von Dopamin. Dieser Lernbotenstoff gibt uns einen »Kick«, sodass wir die Lernsituation möglichst bald noch mal erleben möchten. Ist diese Situation beim Hund mit seinem Menschen gekoppelt, dann verbindet er das gute Gefühl mit ihm.

Lernen im Schlaf?

Viel lernen macht also verhaltenssicher und klug – besonders, wenn wir nach neuen Herausforderungen mit dem Hund spielen und ihn dann schlafen lassen. Das wiederum haben Forschungen aus Budapest gezeigt, in denen Hunde nach dem Lernen schlafen oder spielen durften.

Das erstaunliche Ergebnis: Bei Hunden, die spielen durften, wanderte der neue Lernstoff besonders schnell ins Langzeitgedächtnis. Doch auch Schlaf zeigte sich als sehr wichtig für die Festigung von neuen Lerninhalten. Deshalb ist es ziemlich wahrscheinlich, dass die Kombination, also Spiel und Schlaf, Lernen besonders beflügelt. Spielen macht also nicht nur Spaß und festigt die Bindung, sondern auch noch schlau.

Also: raus mit Hund, albern und glücklich sein! Und bei all den Aktivitäten das Seele-baumeln-Lassen und ganz oft Nichtstun nicht vergessen – das brauchen Hunde nämlich auch unbedingt zum Gelassen- und Glücklichsein.

VON HUNDEN UND MENSCHEN

DAS »WUNDER« IST EINFACH WUNDERSCHÖN, FÄLLT ABER NICHT VOM HIMMEL. BINDUNG MACHT ARBEIT UND BRAUCHT SELBSTREFLEXION. DAS MACHT NOCH MEHR ARBEIT. ABER ES LOHNT SICH.

EIN TEAM FÜR ALLE FÄLLE

Den Weg zu einem tiefen Verständnis kann man nur gemeinsam gehen. Vor allem aber erfordert er einen häufigen Perspektivenwechsel, um nicht zu vergessen, dass Menschen und Hunde sich zwar in vielem ähnlich sind, aber doch auch unterschiedliche Interessen und Bedürfnisse haben. Ich gebe zu, dass das manchmal mühsam ist. Am Ende des Weges aber wartet die beste Belohnung, die man sich wünschen kann: Vertrauen, Liebe und Bindung. Es lohnt sich also!

Wenn wir bereit sind, ab und an die Perspektive zu wechseln und die Welt auch mal aus der Sicht des Hundes zu betrachten, gelingt es ganz leicht, eine starke Bindung aufzubauen – so eng, dass kein Blatt Papier zwischen uns und unsere Fellnase passt. Bleibt nur die Frage: Was würde uns eigentlich gefallen, wenn wir unsere eigenen Hunde wären?

Nur allzu oft erliegen Menschen dem Trugschluss, dass das, was gut für sie ist, auch gut für den Vierbeiner an ihrer Seite sei. Das stimmt aber nicht immer. Stellen Sie sich doch nur mal vor, Sie wären wieder Kind und würden sich zu Weihnachten nichts sehnlicher wünschen, als ein spannendes Buch zu dem Thema, das Sie gerade am meisten fasziniert. Bei mir war das als Kind übrigens das alte Ägypten. Vielleicht waren es bei Ihnen Hunde? Ganz egal, es ist nur ein Beispiel. Leidenschaftlich schreiben Sie einen Wunschzettel, lassen bei jeder Gelegenheit durchblicken, was Sie da so interessiert, und nichts unversucht, Ihren Eltern von der Dringlichkeit dieses Wunsches zu überzeugen. Als dann endlich der Weihnachtsabend da ist, reißen Sie aufgeregt das Papier von den Geschenken. Doch was für eine Enttäuschung: Statt des heiß ersehnten Buches gibt es eine elektrische Eisenbahn – zur großen Freude von Papa, der sich den ganzen Abend begeistert damit beschäftigt. Wie würden Sie sich in diesem Moment fühlen? Wie traurig und enttäuscht wären Sie? Wären Sie der Meinung, dass Ihre Eltern Sie verstehen oder lieben?

Viele Hunde befinden sich, was ihre Bedürfnisse und Wünsche nach artgerechter Beschäftigung angeht, in der gleichen Situation – im übertragenen Sinn natürlich. Sie werden auch nicht von uns »gehört«.

OFFEN BLEIBEN FÜR NEUES

Eins der Ziele in unserem Zusammenleben sollte sein, gemeinsam viele bindungsstärkende Momente zu erleben. Dazu ist es selbstverständlich wichtig zu wissen, was Hunde wirklich brauchen. Genauso wichtig ist aber auch, die eigenen Möglichkeiten und Vorstellungen zu berücksichtigen. Wir sollen (und wollen) uns ja auch nicht sinnlos verbiegen, sondern authentisch bleiben. Das heißt aber nicht, dass alles immer in alten Bahnen verlaufen muss. Wir dürfen es auch wagen, uns gemeinsam mit unseren vierbeinigen Bindungspartnern auf etwas Neues einzulassen. Denn damit arbeiten wir immer weiter an der Grundlage für ein glückliches und entspanntes Zusammenleben.

Wenn Sie einmal in sich hineinhören, ist Ihr Hund vermutlich nicht zufällig an Ihrer Seite. Vielleicht haben Sie ihn sich mit seiner Vielzahl an besonderen Talenten, Charaktereigenschaften und rassebedingten Bedürfnissen gerade deshalb ausgesucht, weil tief in Ihnen die Sehnsucht schlummert, Sie könnten an seiner Seite all diese Eigenschaften selbst ausleben. Wieso sonst leben Jagd- und Hütehunde in Familien, Windhunde bei Managern, Angsthunde bei Singles? Hunde verkörpern für uns oft den tiefen Wunsch nach Unabhängigkeit, Freiheit, Mobilität, Gemeinschaft oder bedingungsloser Liebe, die nie enttäuscht wird. Womöglich berührt uns eine besonders unsichere und ängstliche Fellnase, weil wir uns genau darin wiederfinden. Oft steht auch einfach die Sehnsucht im Vordergrund, einem Lebewesen etwas Liebe und Zuneigung zurückzugeben. Dinge, die genau dieser Hund aufgrund seines Schicksals leider nie erfahren durfte und nach denen wir uns ebenfalls sehnen.

Im Alltag jedoch führt uns das Leben mit einer Fellnase dann auf sehr direkte Art an unsere Grenzen. Warum? Weil unser Unterbewusstsein für uns entschieden hat, was gut für uns ist – lange bevor wir es uns bewusst machen. Ja, der Weg zur Selbsterkenntnis ist auch anstrengend. Genau das sollte man aber nicht als Belastung, sondern als Chance sehen, sich den eigenen Bedürfnissen zu stellen. Und das bedeutet ganz oft: Raus aus unserer Komfortzone, runter von der Couch, bereitmachen für Veränderungen.

Seit einiger Zeit biete ich bei uns in der Hundeschule in München besondere Agility-Kurse für kleine Hunde an. Das Motto lautet: Spiel, Spaß, Bindung. Peter, ein stattlicher Bayer, hatte sich gegen die Einsamkeit seines Singledaseins vor knapp eineinhalb Jahren einen kleinen Welpen aus dem Tierheim geholt. Beim Informationsgespräch fragte er mich überaus besorgt, ob unser Agility-Training denn auch bei Regen oder Schnee stattfinden würde. »Logisch«, antwortete ich ironisch. »Wenn nicht gerade ein Tsunami oder Vulkan ausbricht, gehen wir auf den Platz.« Peter war enttäuscht. »Dann wird das wohl nichts mit dem Kurs«, seufzte er. Denn sein kleiner schwarzer Mischlingsrüde Wurzel scheue Regen und Schnee wie der Teufel das Weihwasser und wäre bei meteorologischen Kapriolen stur wie ein Panzer. Zu rein gar nichts sei er dann zu bewegen. Ich musste innerlich lachen. Das Problem kannte ich nur zu gut. Gizmo hat sich in seinem früheren Leben – so nenne ich die Zeit, als ich noch nicht professionell mit Hunden gearbeitet habe – ebenfalls strikt geweigert, bei Regen auch nur eine Pfote über die Türschwelle zu setzen.

Eine Partnerschaft auf Augenhöhe, wollen wir das nicht alle? Dafür muss man aber ab und an auch mal die Perspektive wechseln und sich auf etwas Neues einlassen.

Peter war mir sympathisch, und ich wollte mehr über Hund und Herrchen erfahren. Deshalb plauderten wir noch über dies und das, bis er mir ganz beiläufig erzählte, dass er das schlechte Wetter gerade richtig dick hätte. Etwas »dick haben«: Das sagt man in Bayern, wenn man einer Sache oder Person gegenüber abgeneigt ist. Überhaupt sei er nicht so der Naturtyp, fuhr Peter fort. Ein, zwei Bierchen nach der Arbeit und dann noch schnell mit dem Hund raus würden ihm völlig reichen. Und sowieso würde er am liebsten dauerhaft in die Karibik auswandern. Ich wurde hellhörig: Aha, Wurzels Schlechtwetter-Allergie basierte also auf der Einstellung seines Bindungspartners. Treffender kann man kaum beschreiben, wie Hunde ihre Menschen und deren Gefühle spiegeln. Oder wie man bei uns in Bayern sagt: Wie der Herr, so's Gescherr.

»DIE BINDUNG ZU UNSEREN FELLNASEN ÖFFNET UNS UNGEAHNTE TÜREN IN EINE WUNDERBARE ZUKUNFT.«

Ich überredete Peter zu einer Probestunde. Zugegeben: Wurzel war anfangs eine kleine Mimose. Aber heute, ein Jahr später, ist er eine Agility-Granate. Er liebt es bei jedem Wetter, draußen herumzuflitzen und mit seinen Hundefreunden den Platz unsicher zu machen. Hohe Trainingsgeräte muss ich im Winter doppelt absichern, weil Wurzel sogar bei Blitzeis unbedingt darüberbrettern will. So kann's gehen. Und Peter? Der ist aus Liebe zu seinem Hund über seinen Schatten gesprungen und ein Stück weit an Wurzel gewachsen. Der einstige Stubenhocker hat an Lebensqualität dazugewonnen. Jetzt kommt er regelmäßig unter Menschen – und der Natur ein großes Stück näher. Vielleicht hat er sich genau das, ohne es zu wissen, immer gewünscht? Fest steht, Hunde zeigen uns Dinge, die wir bisher nicht gesehen haben. Sie öffnen Türen, die uns an Orte führen, die wir nicht kennen, aber an die wir uns vielleicht immer gesehnt haben.

BINDUNG BRAUCHT ROUTINE – UND ÜBERRASCHUNGEN

Ich selbst bin niemand, der immer Ablenkung oder Abwechslung braucht, um glücklich zu sein. Ich liebe Rituale und gehöre zu der Kategorie Mensch, die sich, hat sie einmal in einem Restaurant etwas richtig Leckeres gegessen, immer wieder das Gleiche bestellt. Das gibt mir ein Gefühl von Sicherheit und nimmt mir einfach die Entscheidungssuche ab. Gleichzeitig vertraue ich aber gerne auf den Rat von erfahrenen Menschen und probiere etwas Neues aus. Das widerspricht sich ja auch gar nicht. Und werde ich dann nicht enttäuscht, bin ich glücklich und zufrieden.

Unseren Hunden geht es ähnlich: Sie brauchen immer wiederkehrende Rituale und einen festen Rahmen, in dem sie sich bewegen können. Der ihnen einen Platz in unserem Leben zuweist. Diese Beständigkeit ermöglicht es ihnen, zu entspannen, sie selbst sein zu können. Jeder Hund hat das Recht auf Eigenständigkeit. Hunde sind keine Marionetten, keine Sachen und kein Spielzeug. Sie wollen gefördert und unterstützt werden. Dabei reichen schon kleine Impulse, um sie glücklich zu machen. Sie aus dem unvermeidlichen Alltagstrott herauszuholen, in dem sie so oft mit uns gefangen sind.

Ich selbst merke das schon an Kleinigkeiten, etwa wenn ich die Hunde im Sommer zum Schwimmen mit an den See nehme oder mit ihnen in unser Haus an die Nordsee fahre. Sie sind dann jedes Mal aufgeregt wie kleine Kinder und freuen sich über das Meer und den weichen Sandstrand unter ihren Pfoten. Gizmo, sonst wasserscheu wie eine Katze, jagt mit Khaleesi durchs nasse Watt und niedrige Wasser hindurch und seine »alltägliche« Angst, nass zu werden, ist wie weggeblasen. Sie haben bestimmt schon ähnliche Situationen mit Ihrem Hund erlebt: Seine ganze Körpersprache verändert sich und man kann förmlich sehen und spüren, wie glücklich er in diesem Moment ist.

Hunde freuen sich über Abwechslung. Es muss auch gar nicht das Meer sein. Es genügt, morgens beim Gassi vor der Haustüre einfach mal nach links zu gehen statt wie sonst immer rechts. Es genügt, beim Spaziergang an einem ruhigen Plätzchen unverhofft kurz Pause zu machen. Ganz unaufgeregt, vielleicht mit ein paar Extra-Steicheleinheiten. So einfach kann man seinem Hund Liebe zeigen und das schafft Bindung.

GIZMO UND DIE LIEBE

Ich will ganz ehrlich zu Ihnen sein: Kleine Hunde fand ich früher ziemlich langweilig. Sie waren mir irgendwie nicht Hund genug. Und mit einem kleinen, dicken und röchelnden Mops an der Leine durch die Gegend zu laufen kam für mich schon zweimal nicht infrage. Schwuler Mann mit Mops – mehr Klischee, dachte ich, gibt's doch gar nicht. Meine Einstellung zu diesem Thema änderte sich jedoch durch einen dramatischen Schicksalsschlag in meinem engsten Freundeskreis. Meine Freundin Marion erkrankte völlig unerwartet mit erst 38 Jahren an Krebs. Einfühlsam eröffnete ihr der Arzt die brutale Nachricht: Sie hatte maximal noch drei Monate zu leben.

Marion war schon längere Zeit Single. Unendlich lange wartete sie auf ihren Traumprinzen, mit dem sie endlich eine Familie gründen wollte. Bisher war dieser Traum nicht in Erfüllung gegangen. Und jetzt diese schreckliche Nachricht: Nur noch drei Monate! Was sollte sie tun?

Marion machte das einzig Richtige. Sie entschied, das Todesurteil einfach zu ignorieren und wie gewohnt weiterzuleben. Nur allein sein wollte sie nicht mehr. Deshalb entschied sie, sich einen Mops zuzulegen. Dabei hatte sie einen ganz bestimmten Plan: »Du wirst der Patenonkel«, warf sie mir mit ihrem breitesten Lachen an den Kopf. »Überleg dir schon mal einen passenden Namen. Es ist ein ER und der dritte Wurf seiner Mama. Also irgendwas mit C.« Ich freute mich über Marions Vorschlag – und ja, es machte mich sogar stolz, für den kleinen Hund verantwortlich sein zu dürfen. Schnell hatte ich einen passenden Namen gefunden.

Kurz darauf trat der kleine Churchill in unser Leben und ich wurde stolzer »Onkel«. Häufig verbrachte die kleine semmelblonde Plattschnauze seine Vormittage bei mir zu Hause. Heute gebe ich es mit Stolz zu, er wickelte mich gnadenlos um den Finger. Nach nur wenigen Besuchen war ich seinem Charme und liebevollem Charakter verfallen. Ich schlenderte sogar stolz wie Oskar mit ihm durch die City und genoss die Aufmerksamkeit, die mein ulkiger Begleiter an jeder Ecke auf sich zog.

Für Marion, Churchill und mich wurden, ohne dass wir es vorher ahnten, aus drei Monaten tatsächlich fast drei Jahre. Marion vertraute mir ihren kleinen

»Mann« regelmäßig an und irgendwann lenkte sie, ganz beiläufig, das Gespräch auf ein für mich überraschendes Thema. »Sag mal, wie fändest du es eigentlich, wenn Church noch einen kleinen Bruder hätte?« Ihre großen rehbraunen Augen blickten mich erwartungsvoll an. Ich bin mir sicher, dass meine Freundin diesen Stein nicht ohne Hintergedanken ins Rollen gebracht hat. Sie suchte für Churchill einen Freund, der die kleine Waise nach ihrem Tod unterstützen und ihm den Verlust erträglicher machen würde.

Churchill hatte mich mit seiner bekloppten, liebevollen Mopsart schon längst windelweich geklopft. Ich war mopsinfiziert, und so dauert es nicht lange, bis Gizmo in mein Leben trat. Mit sechs Monaten, sein Vorbesitzer hatte ihn der Züchterin aus persönlichen Gründen wieder in die Hände gedrückt, nahm ich den kleinen Kerl mit zu mir nach Hause, um ihm endlich ein Körbchen auf Lebenszeit zu schenken. Alles lief nach Plan, und nachdem sich Gizmo bei mir eingelebt hatte, wagten wir den zweiten Schritt. Marion und ich versuchten, beide Rüden zu verbrüdern. Mehrmals. Aber die beiden Streithähne fielen ständig wie zwei fauchende Raubkatzen übereinander her. Unser Plan wollte einfach nicht aufgehen. Marion gab aber nicht auf und unternahm mit ihnen sogar extra noch einen Wochenendtrip in die Berge, brach aber nach wenigen Stunden alles ab. Unsere dauergestressten Terrormöpse hatten ihr einen gewaltigen Strich durch die Rechnung gemacht. Wir waren beide völlig ratlos. So hatten wir uns das ja nicht gedacht. Acht Wochen später, nur ein paar Tage nach meinem Geburtstag musste Marion gehen. Wir verbrachten den letzten Abend vor ihrem Tod gemeinsam. Wo Churchill sei, fragte ich sie. »Den habe ich bei meinem Bruder untergebracht. Er hat Familie und Hunde und ich denke, das ist der richtige Platz für ihn.« Wir waren entspannt und schmiedeten sogar Pläne für die Zukunft. Die Zeit schien sich endlos auszudehnen, und erst als ich wieder zu Hause war, bemerkte ich das Vakuum aus Furcht und Angst, das sich in meinem Magen zusammenzog.

Viel Zeit ist seitdem vergangen. Aus dem kleinen Churchill von damals ist ein betagter Senior geworden. Er lebt bei Marions Familie, ist fit und völlig mit sich im Einklang. Mopsfidel! Auch Gizmo ist mittlerweile reifer geworden. Ich liebe seine Offenheit und ungebremste Neugierde allem und jedem gegenüber, aber auch seine Sturheit. Er ist stur, wenn er Nähe und Zärtlichkeiten von mir einfordert. Andererseits ist er aber auch genauso unnachgiebig, wenn er keinen Bock hat aufzustehen. Dank meiner Freundin Marion habe ich zu Gizmo eine besonders innige Verbindung. Und durch Gizmo wiederum werde ich jeden Tag an Marion erinnert. Das ist wunderschön, denn ohne sie wäre ich heute nur halb so glücklich.

DER ZAUBER DES ANFANGS:
WENN BINDUNG ENTSTEHT

Ende April 2015, Freitagnachmittag, irgendwo zwischen Augsburg und München. Besonders vorsichtig und behutsam lenkte ich unseren Wagen auf der Autobahn durch den Feierabendverkehr. Auf dem Rücksitz befand sich die wertvollste Fracht meines Lebens: Matthias und Khaleesi. Nach zehn endlos langen Wochen durften wir endlich unser Labrador-Mädchen abholen. Jetzt schlummerte das winzige graue Fellknäuel völlig erschöpft, aber zufrieden in den Armen meines Mannes. Als ich in den Rückspiegel blickte und die beiden beobachtete, gingen mir viele Gedanken gleichzeitig durch den Kopf. Klar, ich war endlos glücklich und stolz über den Familienzuwachs. Ich hatte aber auch riesigen Respekt vor der neuen Verantwortung, die so ein Welpe in unser Leben bringen würde. Was würde in den nächsten Tagen alles passieren? Würde sich die Kleine schnell eingewöhnen? Würde die Zusammenführung mit Gizmo klappen? Würde sie sich wohlfühlen? Und würde ich die nächsten Wochen wirklich nie mehr durchschlafen können? Eine Frage reihte sich an die nächste, während wir gemächlich mit 80 Stundenkilometern auf der rechten Fahrspur dahinzockelten – ich weiß, manchmal übertreibe ich es mit meiner Fürsorge, aber wenn ich langsam fahre, kann ich einfach besser nachdenken.

Für Khaleesi hatte, seit sie in unser Auto gestiegen war, eine neue, äußerst wichtige Phase ihres Lebens begonnen. Sie war zum ersten Mal ohne ihre fürsorgliche Mutter und die schützende Wärme ihrer Wurfgeschwister. Und das bedeutete, dass sie ab sofort voll und ganz von Matthias und mir abhängig war. Könnten wir ihren Ansprüchen überhaupt gerecht werden? Neun Wochen zuvor hatten wir sie erstmals in unseren Armen gehalten. Sie war damals noch blind und nur so groß wie eine Avocado. Seitdem hatten wir sie jeden Sonntag besucht, ihr beruhigende Worte zugeflüstert und uns viel Zeit genommen, sie und ihre Geschwister kennenzulernen. Sechs Wochen später durften wir schon vorsichtig mit ihr auf einer Wiese herumtollen. Und noch mal eine Woche später waren wir überglücklich, weil der kleine Wurm geradewegs auf uns zugetapst kam, als wir ihren Namen riefen. In diesen wertvollen Momenten des ersten gemeinsamen Erlebens legten wir, ohne es zu wissen, bereits die Grundlagen für unsere Bindung.

Als ich unsere kleine Khaleesi mit ihrem noch haarlosen rosa Babybauch damals so tiefenentspannt und geborgen in Matthia's Armen schlafen sah, konnte ich ein tiefes Gefühl der Vertrautheit zwischen den beiden spüren. Das langsam keimende Pflänzchen der Bindung begann in diesem wunderbaren Moment der Fürsorge und des Beschütztseins stärker und stärker zu werden.

»ZWISCHEN MATTHIAS UND KHALEESI GAB ES VON ANFANG AN EIN UNSICHTBARES BAND.«

WIR GEHÖREN EINFACH ZUSAMMEN!

Wie meine Liebe zu Gizmo und Khaleesi kann die Bindung bei allen Mensch-Hund-Teams wachsen – ganz egal, ob Sie sich für eine Fellnase aus dem Tierschutz oder einer (Hobby-)Zucht entschieden haben. Vom ersten Moment des Zusammentreffens an bis zum hoffentlich noch weit entfernten Tag des Abschiednehmens tragen Sie den Schlüssel für eine enge und glücklich machende Bindung in sich. Sie müssen ihn nur hervorholen.

Das Blöde an der Bindung ist allerdings, dass sie mit der Zeit abnehmen und sich in Luft auflösen kann, wenn man nicht an ihr arbeitet. Dann ploppen plötzlich Probleme auf und wir blicken in die ratlosen Augen unseres Hundes und suchen nach Erklärungen. Warum macht er das?

Doch das Gute an der Bindung ist, dass es nie zu spät dafür ist und sie immer wieder auch erneuert werden kann. Meine fünf Säulen werden Sie dabei unterstützen und Ihnen wie ein Kompass den Weg zu einer guten oder noch besseren Bindung weisen.

Wenn Matthias und ich heute unseren beiden Fellnasen ganz tief in die Augen blicken – nach all den Jahren, in denen wir gemeinsam so viel erlebt haben – und sie unseren Blick vertrauensvoll erwidern, fühlen wir eine tiefe Harmonie und Verbundenheit mit ihnen. Da sind zwei völlig unterschiedliche Spezies, Mensch und Hund, die doch perfekt zusammenpassen. Es ist wirklich ein Wunder. Das Wunder der Bindung!

BÜCHER UND ADRESSEN, DIE WEITERHELFEN

Bücher

Actun, Karin: Hunden Orientierung geben. Wie eine entspannte Mensch-Hund-Beziehung gelingt. Ulmer, Stuttgart

Arce, José: Meine 5 Geheimnisse für eine glückliche Mensch-Hund-Beziehung. Gräfe und Unzer Verlag, München

Bloch, Günther: Mein Hundewissen. Gräfe und Unzer Verlag, München

Borchert, Uwe/Strodtbeck, Sophie: Wenn der Welpe zum halbstarken Hund wird. Gräfe und Unzer Verlag, München

Bradshaw, John: Hundeverstand. Kynos, Nerdlen/Daun

Brück, Sebastian/Lenzen, Dirk: Wenn Hunde sprechen könnten und Menschen richtig zuhören. Gräfe und Unzer Verlag, München

Gansloßer, Udo/Kitchenham, Kate: Beziehung – Erziehung – Bindung. Kosmos, Stuttgart

Kirchhoff, Stefan: Streuner! Straßenhunde in Europa. Kynos, Nerdlen/Daun

Ludwig, Gerd/Wegler, Monika: Hunde verstehen lernen. Gräfe und Unzer Verlag, München

Miklósi, Dr. Ádám: Dog Behaviour, Evolution, and Cognition. Oxford University Press, Oxford

Mutschler, Bettina: Du bist mir wichtig. Bindung in der Mensch-Hund-Beziehung. Kosmos, Stuttgart

O'Heare, James: Das Aggressionsverhalten des Hundes. Ein Arbeitsbuch. Animal Learn, Bernau

Wischall-Wagner, Alexandra: Entspannter Mensch, entspannter Hund. Gräfe und Unzer Verlag, München

Ziemer, Jörg/Ziemer-Falke, Kristina: Welpen-Basics. Gräfe und Unzer Verlag, München

Zeitschriften

Der Hund. FORUM Zeitschriften und Spezialmedien GmbH, Merching, **www.derhund.de**

Partner Hund. Ein Herz für Tiere Media GmbH, München, **www.partner-hund.de**

Dogs. Territory Content to Results, Hamburg, **www.dogs-magazin.de**

Unser Rassehund. Hrsg. Verband für das Deutsche Hundewesen e.V., Dortmund, **www.unserrassehund.de**

HundeWelt. Minerva Verlag, Mönchengladbach, **www.hunde-welt.de**

Wuff. Petmedia Verlagsgesellschaft mbH, Maria-Anzbach, **www.wuff.de**

Adressen

Verband für das Deutsche Hundewesen (VDH) e.V
Westfalendamm 174
44141 Dortmund
www.vdh.de

Berufsverband der Hundeerzieher/innen und Verhaltensberater/innen e.V. (BHV)
Alt Langenhain 22
65719 Hofheim
www.hundeschulen.de

Österreichischer Kynologenverband
Siegfried-Marcus-Straße 7
A–2362 Biedermannsdorf
www.oekv.at

Schweizerische Kynologische Gesellschaft
Sagmattstraße 2
CH–4710 Balsthal
www.skg.ch

Internetadressen

www.jochenbendel.tv
Mehr zu mir und meiner Hunde-training-Philosophie.

www.freude-am-hund.info
Hundeschule der Tierpsychologin und Hundetrainerin Rita Kampmann, meiner Expertin auf Seite 92. Hier unterrichte ich und gebe Kurse.

www.jose-arce.com
Internetseite des Mensch-Hund-The-rapeuten Jose Arcé, meinem Experten von Seite 138, der nicht nur auf Mallorca, sondern in ganz Europa Hundehalter berät.

www.kitchenham.de
Hier erfahren Sie (fast) alles über meine Expertin von Seite 114 und 172, Kate Kitchenham, Autorin, Trainerin und Coach – und eine echte Spezialistin in Sachen Bindung.

DANKSAGUNG

Als mein Freund Marc Rasmus mir vor einem Jahr vorschlug, ich solle doch ein eigenes Buch schreiben, wollte ich schreiend davonlaufen. Niemals! Diese ganze Arbeit, Recherche, die Schreibblockaden … Ulrich Ehrlenspiel vom GU Verlag aber hat meinen »Schreibgeist« geweckt und mir die Arbeit an einem eigenen Buch schmackhaft gemacht. »Du musst dich in dieser Zeit voll und ganz darauf einlassen, dann wirst du die Arbeit an deinem ersten Buch nie vergessen«, gab er mir mit auf den Weg. Wie recht er hatte. Ich danke euch!

Zum Glück konnte ich mich (vor allem wenn es mal gerade nicht so gut lief) immer blind auf meine wunderbare Lektorin Sylvie Hinderberger verlassen, die meinen Textsalat wie durch Zauberhand entwirrte und dadurch erst lesbar machte. Im gleichen Atemzug möchte ich auch meiner Verlagsleiterin Nadja Harzdorf danken. Sie trägt einen großen Anteil an diesem Buch, weil sie mir half, meinen Ideen eine Struktur zu geben, genauso wie Sonja Maria Forster, die an jedem einzelnen Tag für mich wie ein Fels in der Brandung war. Unvergesslich ist auch unser gemeinsame Foto-Ausflug für dieses Buch nach Cuxhaven. Geballte »Lüttchen-Power« mit Petra Ender, der Fotografin Debra Bardowicks und Aylin »Birdy« Halmann. Danke, dass ihr diese Tage zu etwas Unvergesslichem gemacht habt. Kreative, starke Frauen haben also diesem Baby auf die Welt geholfen und gerade diese weibliche Tiefe und Leichtigkeit zugleich verleiht diesem Buch einen besonderen Zauber.

Besonders danken möchte ich meiner lieben Freundin und »Entdeckerin« Michaela Kiermaier. Sie hat vor ein paar Jahren meiner Liebe für Hunde und verlassene oder aufgegebene Fellnasen eine eigene Fernsehsendung gegeben: »Haustier sucht Herz«. Ohne sie wäre der Stein, Hundeprofi zu werden, wohl nicht so schnell ins Rollen gekommen. Die Ausbildung in der Hundeschule bei Rita Kampmann hat mein Leben dann noch einmal neu ausgerichtet. Fast alles, was ich heute über Hunde weiß, weiß ich von Rita. Danke, liebe Rita, dass du mich jeden Tag aufs Neue inspirierst. Ein dickes Dankeschön geht natürlich auch an meine beiden anderen Gastautoren, Kate Kitchenham und Jose Arcé, sowie an mein tolles Team von docma.tv.

Mein Mann Matthias hat mir beim Schreiben den Rücken freigehalten und mich die ganze Zeit über mit viel Geduld, Ideen und Motivation unterstützt. Er ist ebenfalls Hundeprofi und wir teilen die gleiche Leidenschaft. Das ist etwas ganz Besonderes. Danke, mein Schatz!

DIE WERDEN SIE AUCH LIEBEN.

IMPRESSUM

Projektleitung:
Sonja Maria Forster
Lektorat: Sylvie Hinderberger
Bildredaktion: Petra Ender
Umschlaggestaltung und Layout: independent Medien-Design, Horst Moser, München
Satz: Christopher Hammond
Herstellung: Martina Koralewska
Repro: Longo AG, Bozen
Druck & Bindung: APPL, aprinta druck, Wemding

Printed in Germany

ISBN 978-3-8338-7096-5

2. Auflage 2020

Ein Unternehmen der
GANSKE VERLAGSGRUPPE

Die Fotografin:

Debra Bardowicks ist schon seit ihrer Kindheit von Tieren fasziniert. Mit ihrem Beruf verbindet sie beide Leidenschaften: Tiere und Fotografie. Als freie Fotografin reist sie für ihre spannenden Projekte um die Welt. Zahlreiche Bilder von ihr findet man in Zeitschriften und Büchern. Tierfotos von Debra Bardowicks gibt es im Internet unter: www.animal-photography.de

Bildnachweis:

Cover: Garbo Geissler, Eichenau
Weitere Bilder: Alle Fotos in diesem Buch stammen von Debra Bardowicks, mit Ausnahme von Privataufnahmen auf den Seiten 29, 67, 99, 146, 182, 185-1, 185-2, 185-3.

Syndication:

www.jalag-syndication.de

Wichtige Hinweise:

Die Haltungsregeln in diesem Buch beziehen sich auf gesunde und charakterlich einwandfreie Hunde. Es gibt Hunde, die aufgrund mangelhafter Sozialisierung und schlechter Erfahrungen mit Menschen in ihrem Verhalten auffällig sind und eventuell zum Beißen neigen. Solche Hunde sollten nur von Hundekennern gehalten werden.

LIEBE LESERINNEN UND LESER,
wir wollen Ihnen mit diesem Buch Informationen und Anregungen geben, um Ihnen das Leben zu erleichtern oder Sie zu inspirieren, Neues auszuprobieren. Wir achten bei der Erstellung unserer Bücher auf Aktualität und stellen höchste Ansprüche an Inhalt und Gestaltung. Alle Anleitungen und Rezepte werden von unseren Autoren, jeweils Experten auf ihren Gebieten, gewissenhaft erstellt und von unseren Redakteuren/innen mit größter Sorgfalt ausgewählt und geprüft.
  Haben wir Ihre Erwartungen erfüllt? Sind Sie mit diesem Buch und seinen Inhalten zufrieden? Haben Sie weitere Fragen zu diesem Thema? Wir freuen uns auf Ihre Rückmeldung, auf Lob, Kritik und Anregungen, damit wir für Sie immer besser werden können. Und wir freuen uns, wenn Sie diesen Titel weiterempfehlen, in Ihrem Freundeskreis oder bei Ihrem online-Kauf.
  Sollten wir Ihre Erwartungen so gar nicht erfüllt haben, tauschen wir Ihnen Ihr Buch jederzeit gegen ein gleichwertiges zum gleichen oder ähnlichen Thema um.

KONTAKT
GRÄFE UND UNZER VERLAG
Leserservice
Postfach 86 03 13
81630 München
E-Mail: leserservice@graefe-und-unzer.de
Telefon: 00800 / 72 37 33 33*
Telefax: 00800 / 50 12 05 44*
Mo-Do: 9.00-17.00 Uhr
Fr: 9.00-16.00 Uhr (*gebührenfrei in D,A,CH)

 www.facebook.com/gu.verlag

Umwelthinweis: